中央高校教育教学改革基金（本科教学工程）资助

北戴河地区海洋地质认识实习指导书

BEIDAIHE DIQU HAIYANG DIZHI RENSHI SHIXI ZHIDAOSHU

杜学斌 吕万军 王龙樟 李祥权 刘秀娟 编著
吕晓霞 陈 敏 孙启良 姜 涛

图书在版编目(CIP)数据

北戴河地区海洋地质认识实习指导书/杜学斌等编著.—武汉:中国地质大学出版社,2019.4

ISBN 978-7-5625-4489-0

Ⅰ.①北…

Ⅱ.①杜…

Ⅲ.①海洋地质-区域地质-北戴河-高等学校-教学参考资料

Ⅳ.①P736.524

中国版本图书馆CIP数据核字(2019)第036802号

北戴河地区海洋地质认识实习指导书

杜学斌 吕万军 王龙樟 李祥权 刘秀娟 吕晓霞 陈 敏 孙启良 姜 涛 **编著**

责任编辑:唐然坤　　选题策划:毕克成 唐然坤　　责任校对:周旭

出版发行:中国地质大学出版社(武汉市洪山区鲁磨路388号)　　邮编:430074

电　话:(027)67883511　　传真:(027)67883580　　E-mail:cbb@cug.edu.cn

经　销:全国新华书店　　http://cugp.cug.edu.cn

开本:787毫米×1 092毫米 1/16　　字数:256千字　　印张:10

版次:2019年4月第1版　　印次:2019年4月第1次印刷

印刷:武汉市籍缘印刷厂　　印数:1—1 000册

ISBN 978-7-5625-4489-0　　定价:38.00元

前　言

《北戴河地区海洋地质认识实习指导书》是在2004年初版、2011年修订版的《北戴河地质认识实习指导书》的基础上修编而成的，继承了原书的编排框架和部分内容。原书的出版曾得到中国地质大学(武汉)校领导和相关职能部门的大力支持，同时凝聚了地球科学学院、北戴河实习团队多位老师的心血与教学积累，对学生在北戴河地区开展地质认识实习起着重要的指导作用。

中国地质大学(武汉)海洋地质专业设立于2004年，同年成立了海洋科学系。最初的地质认识实习使用的是《北戴河地质认识实习指导书》，随着专业的快速发展及社会对海洋学科要求的提高，需要在原有实习指导书之上大量增加海洋科学相关的实习内容。因此，2012—2017年海洋学院海洋科学系两次组织部分老师对北戴河海洋地质认识实习路线进行了重新踏勘与开拓。在此工作的基础上，学院重新修订和增加了北戴河海洋地质认识实习的部分路线，并编写此书，作为海洋科学专业学生及相关专业学生北戴河认识实习的主要指导书。

新修编的《北戴河地区海洋地质认识实习指导书》由杜学斌、吕万军、王龙樟、姜涛负责统稿。其中，第一章，第二章，第三章第五节、第六节、第七节、第八节，第四章第一节、第二节、第三节、第四节是在原《北戴河地质认识实习指导书》的基础上修编而成。此外，第三章第一节由杜学斌负责编写，第三章第二节由李祥权、孙启良负责编写，第三章第三节由刘秀娟负责编写，第三章第四节由李祥权负责编写，第三章第五节由杜学斌、李祥权负责编写，第三章第九节由刘秀娟、吕万军、杜学斌负责编写，第三章第十节由刘秀娟、杜学斌负责编写，第三章第十一节由吕晓霞负责编写，第三章第十二节由陈敏、王龙樟负责编写；第四章第五节由刘秀娟负责编写，第四章第六节由吕晓霞负责编写，第四章第七节由杜学斌负责编写。

本书的出版得到了中国地质大学(武汉)教务处、中国地质大学(武汉)海洋学院的关怀与支持，海洋学院与海洋科学系的领导、同事和北戴河实习队的老师们给予了鼎力相助，在此一并表示谢意！

编者

2018年10月6日

目 录

第一章　绪　论

第一节　实习基地介绍

中国地质大学北戴河实习站(现称秦皇岛实习基地)位于河北省秦皇岛市山东堡村，地处北戴河海滨区和秦皇岛海港区之间，距山东堡海滩约 400m(图 1-1-1)。早在 1953 年，北京地质学院就在秦皇岛地区开展野外教学活动。1979 年秦皇岛地区成为武汉地质学院的野外固定实习点。1984 年武汉地质学院在山东堡村一个荆棘丛生的荒沙滩上建立了相对稳定的实习站，初期建有 3 排平房和大部分的活动板房，路面沙土铺设，用水靠缸装瓢舀，生活条件较为艰苦。

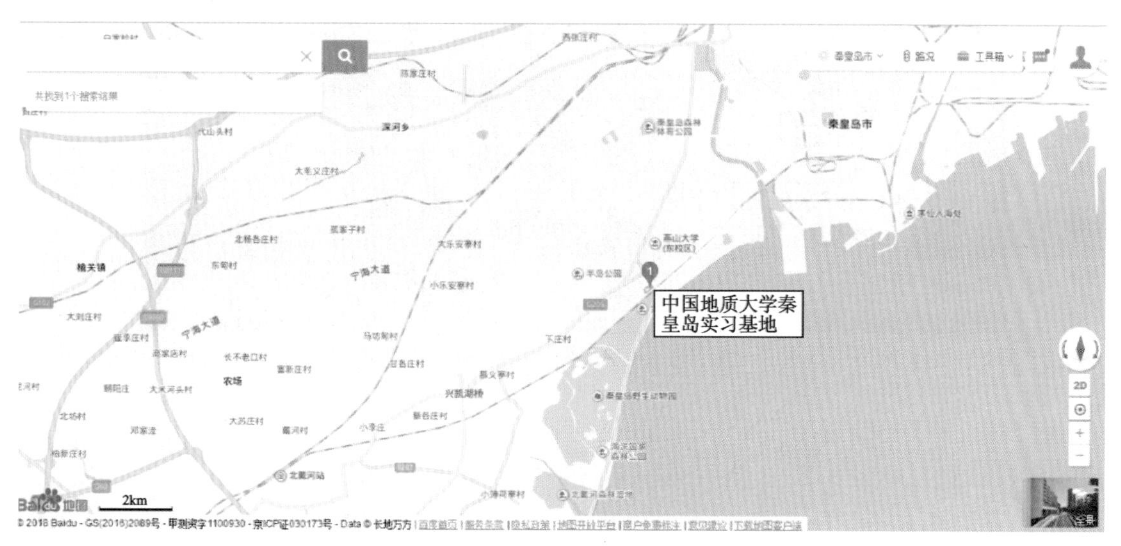

图 1-1-1　秦皇岛实习基地地理位置图

1994 年底，中国地质大学投资 220 万元修建了综合教学楼，并于 1995 年暑期投入使用，大大缓解了实习师生住房困难，1995 年又投资修建了锅炉房，解决了洗浴供暖问题。在历届校领导的关心和支持下，从 1995 年开始实习站与燕山大学开展联合办学。2001 年，实习站自筹资金新建了学生宿舍楼和教学楼，扩建了食堂和浴室，修建了篮球场和田径场等体育设施场地。实习站周边环境日益改善，附近有海滨高架桥、燕山大学、铁一局三处医院、铁路电气化工程局接待处等单位。实习站周边交通便捷，距风景区北戴河海滨约 7km，距山海关、老龙头景区约 25km，距山东堡海滩约 400m。

经过30多年的建设，目前秦皇岛实习基地拥有固定资产1000多万元，建筑面积近15 000m²。其中，教学用房接近5000m²，阶梯式多媒体教室2个，教室8个，学生用电脑教室2个(80座)，语音教学实验室1个(60座)，地质教学陈列室1个。基地实现全网络覆盖。基地内绿地面积超过2000m²，树木茂盛，空气清新。后勤服务设施配套齐全，配有近千套行李铺设，每年暑期完成中国地质大学上千名学生的实习任务，同时对外开放接待兄弟院校和旅游观光的客人等。北戴河实习站已由原来单一的野外地质认识实习基地，深化变成了集地质、地理、地球物理、水文、旅游、人文、生物等多学科(专业)学生实习和旅游接待、办公等一体化的多功能综合基地，名称也由“北戴河实习站”改为“秦皇岛实习基地”(图1-1-2)。

图1-1-2 秦皇岛实习基地概貌

第二节 实习目的、要求、内容及成绩评定

野外实习是中国地质大学地质专业教学的一个重要环节，学校各级领导十分重视。目前学校建有北京市周口店、河北省秦皇岛、湖北省秭归等专门的野外实习基地。搞好教学实习，培养扎实的野外工作能力，是学校地质类专业教学的传统与特色。野外实习是学生们理论联系实际、增长感性认识、培养综合动手能力和锻炼意志、增强体质的良好机会。北戴河海洋地质认识实习是中国地质大学(武汉)海洋科学专业本科一年级学生，在学习完“普通地质学”和“海洋科学导论”等专业基础课后进行的必修教学环节(本科一年级第二学期末暑期完成)，为后续专业课的深入学习和毕业生产实习打下良好的专业基础。

1. 实习目的

(1)在教师指导下，通过对野外典型地质和海洋地质现象的直接观察、认识、描述和分析，获得基本地质现象的感性认识,加深室内教学中基本地质知识和理论的理解,培养海洋地质思维能力和时空观念。

(2)初步掌握一些野外地质工作的基本技能与海洋地质调查方法。熟练掌握罗盘、地图、野外记录簿的基本功能和作用;掌握野外定点、产状测量和描述记录等工作技能;初步掌握常见沉积岩、岩浆岩和变质岩的野外识别方法;能够使用海流计、温盐计获取相关参数并进行初步分析。

(3)培养艰苦奋斗、实事求是、勇于探索的生活作风和科学精神,锻炼意志,增强体质,逐步适应野外地质工作环境。

(4)了解人与自然、环境和可持续发展的科学关系,增强人文和社会意识、地质环境保护意识和社会责任感,树立献身海洋地质科学事业和建设强大祖国的人生观。

2. 实习要求

(1)掌握基本地质现象:包括自然地理概况,区域地质背景,风化作用和风化壳,河流地质作用过程和产物,三角洲和沉积物,岩溶作用及岩溶地貌,海洋波浪运动、沿岸生物,基岩海岸侵蚀作用和侵蚀地形,砂质海岸沉积作用和沉积地形,地层特征、地层划分和描述,岩浆侵入作用、侵入岩和接触边界类型、火山作用、火山岩和火山机构,变质作用和变质岩,地壳运动及表现形式,矿产资源和地质环境保护等。

(2)掌握野外地质工作基本技能:①利用地形、地物标志,在地形图上标定地质观察点;②使用罗盘确定方位、测量产状和坡度;③掌握野外地质记录的基本内容、格式和要求;④掌握地质素描图的基本技巧;⑤地质标本的采集方法和整理;⑥初步学会编写地质报告。

(3)培养正确的地质思维和时空观,树立人与自然和谐发展的科学观,培养正确的价值观和人生观。

3. 实习内容

实习内容和时间分配详见表1-2-1。

表1-2-1 北戴河实习路线和教学内容分配表

序号	实习路线	时间(天)	教学内容
1	石河河口	1	河道沉积、三角洲沉积
2	新河三角洲及湿地系统	1	河口三角洲及湿地系统
3	新开河河口	1	河口区水动力观察、人工活动对河口影响
4	金山嘴—老虎石海滩	1	海蚀地形
5	燕山大学北风化壳—山东堡海滩	1	风化壳、砂质海岸
6	石门寨—沙锅店	1	岩溶地形与河流二元阶地
7	上庄坨	1	火山岩观察与河流地质作用
8	鸡冠山	1	地层接触关系、构造观察
9	翡翠岛人工码头及七里海潟湖	1	人工影响海岸、潟湖形态及沉积物
10	小东山—鹰角亭—鸽子窝	1	基岩海岸地形地貌
11	滦河三角洲	1	三角洲地形地貌及沉积物特征
12	海洋环境监测中心	1	海洋环境观测方法、内容

4. 成绩评定

采用综合测评确定学生实习成绩:平时成绩50分,考试成绩50分。平时成绩包括野簿记录、思考作业、技能和野外表现。总分60分以上者实习成绩为通过。实习成绩不及格的学生，建议不能参加后续高年级专业教学实习，应该及时补修本次野外实习，但所需实习费用自理。

第三节　野外实习学生注意事项

北戴河海洋地质认识实习是学生们第一次集体到野外大自然课堂体验为期3周的海洋地质基本知识的实践学习。组织好野外实习的辅助工作是体验“快乐实习”的重要保障。

1. 实习出发前准备

在实习出发之前，要做到“有备无患”，必须准备好教学资料、实习用品、生活用品、经费、证件，以及做好实习分组、火车票的订购等工作。

教学参考资料和实习用品准备：《北戴河地区海洋地质认识实习指导书》和野簿每人一册，《普通地质学》《海洋科学导论》每小组至少一册；地质锤、罗盘、放大镜、地质包、三角尺、量角器、铅笔、绘图笔和橡皮等每人一套。主要实习用品以班级为单位统一到实习科领取。

实习分组要求：每小组5～6人，其中必须有一名学生干部或学生党员。身体强壮与瘦弱者要每组搭配，女生不要集中在同一个小组，便于相互帮助（因路途携带较重行李和野外岩石标本等）。每班大致细分为5～6个小组，分组工作由辅导员、班主任和班干部共同商议。

生活用品准备：由于夏天蚊子较多，建议携带蚊帐；由于实习时间比较长，可能会遇到天气骤然变化，因此建议携带少量春秋装；为了便于野外行走，应携带运动鞋和野外工作服；水桶、脸盆、洗漱用品、水壶、饭盒等用品可以携带，也可以在当地购买；由于实习基地有运动场所，可以携带一些文体用品，在课余时间开展一些文体活动。建议各班级携带一定集体活动经费，便于参加文体活动。学生在出发前还应准备一些常用药品，如感冒药、晕车药、呋喃唑酮（又称痢特灵）、正骨水、创可贴、蛇毒药、清凉油、风油精、消炎药等，以应急治疗路途和实习过程中可能发生的常见疾病。实习期间严禁下海游泳与戏水。

实习经费的准备：实习期间生活费约600元。学校给每位学生发放一定实习路费，但只能满足到实习基地的基本路费，返乡路费由学生根据实习基地到家乡距离的远近自行决定；由于北戴河有海鲜产品、珍珠制品和贝壳工艺品等特产，价格比较低，学生自己可以购买一些回家使用或赠送亲友；去北戴河的路途中，最好不要携带大量现金，以免丢失。

证件准备：为了出行、取款或在实习结束后到其他地方停留方便，必须携带身份证；为了能购买从家乡到学校的学生票，应携带学生证，在参观旅游景点时，常可以凭学生证购买优惠门票；如果需在北戴河开展社会实践、进行参观访问等活动，学生可以在学校开好相关介绍信，便于接洽。

火车票的订购：由于北戴河实习批次和人数多，实习时间安排紧凑，又逢暑期人流高峰，因此，无论是先实习后放假，还是先放假后实习，都必须在指定的时间到达。如果先实习后放假，全体同学应统一行动，统一订购同一时间、同一车次的车票；如果先放假后实习，应按指定的时间到达，出发时最好约几个同学同行，便于途中互相照应。由于铁路系统已经取消实习返乡车票半价优惠政策，因此学生往返都应购买全价车票；如果家乡离实习基地很近，且经过秦皇岛火车站或北戴河火车站，可以凭学生证酌情购买半价票。决不允许其他同学购买学生半价票，不仅列车和火车站查出来要补票与罚款，更会有损大学生的形象和学校在社会上的声誉。如果出现此类问题，由学生自己承担责任，同时学校给予纪律处分。

2. 实习路途注意事项

如果先实习后放假，自离开学校开始，各班级和小组要相对集中，实行班组长负责制，一切行动听指挥。班干部及党员必须随学生统一乘车，沿途做好组织带领工作，时刻注意学生的生命及财产安全。在路途中遇到紧急情况，负责人员应立即向带队老师报告，采取应急措施。学生在车上要注意防盗和人身安全；在途中火车停靠时不要擅自下车，如因购物等需要下车必须向班组长报告并结伴而行，不要远离站台，以免错过上车时间。如果先放假后实习，建议联系同学结伴而行，按实习基地提供的路线，按时到达实习基地。途中应注意个人安全，不可轻信路人。如果遇到特殊困难，可以打电话向实习基地咨询或求助。

3. 实习期间教学管理要求

实习期间学生要服从教学安排和要求，按时作息和乘车；早餐要及时，避免耽误开车出发时间，影响其他班级；在乘车时不要拥挤，并主动给女同学和体弱者让座；返回实习站候车时，不要远离候车地点，以免延误乘车和就餐时间；实习时每天必须携带地质包、罗盘、地质锤、放大镜、地质图、野簿、铅笔和橡皮等，便于测量、记录和采样等；保管好地质图，如有丢失，按学校保密规定处罚；野外实习过程中，特别是登山过程中不要嬉笑打闹，以免滑倒或造成滚石伤人，在路边观看地质现象时注意来往的机动车辆，保证人身安全；不乱吃海鲜和瓜果，建议吃海鲜到卫生的饭店，生吃瓜果要洗净，以免引发肠胃病，影响野外实习；实习路途中爱护农家的庄稼和果树，不践踏庄稼和采摘水果。

4. 实习期间社会实践

社会实践是教学的一个重要组成部分，是培养大学生的综合素质、锻炼实际工作能力、接触社会、了解社会和服务社会的重要途径之一。为了丰富学生的社会生活经验，在社会中受教育、长才干、作贡献，野外实习期间可以由实习队长和带队老师共同协商，在不影响正常实习的情况下，安排一定的时间进行参观考察。社会实践活动由带队老师组织，学生自愿报名参加。相关参观考察费用由学生本人和组织院系共同承担。

5. 实习期间文体活动的开展

实习期间严禁下海游泳，以免发生意外。实习基地内有活动场地，课余时间可开展体育比赛或体育锻炼活动，但不要太剧烈，以免身体受伤影响实习进程。如果时间允许，还可以举行文艺晚会、舞会等文艺活动，但要维护好活动秩序和保证安全。

6. 实习结束后注意事项

如果先实习后放假，实习结束后一般就地放假，学生自行购票回家。学生应清点物品和证件等是否已经全部携带，宿舍是否清理干净。学生党员、干部或离家比较近的同学，建议迟一点回家，送一送离家比较远的同学，并帮助老师处理遗留问题。在回家途中要注意防盗、防骗以及人身安全。乘车前给父母打个电话进行联系，告诉实习基地的联系电话，便于父母知道你是否按时到家，及时了解情况，防止发生意外。如果先放假后实习，实习结束后，一般统一组织返校。

7. 班级干部职责

班长、团支书负责本班同学的安全保卫工作，安排和协调各小组的有关事宜；班组长在出队前负责检查同学所带物品是否齐全，清点人数并上报实习领导小组。路途中负责召集本组或本班同学，在实习中负责与实习老师联系并及时收集上交野簿；实行班组长负责制，有问题应及时向有关老师反映。

8. 野外实习纪律及处理办法

野外实习期间，所有学生必须严格遵守实习基地有关规定，做到一切行动听指挥，严禁自由散漫，不得随意出走或探亲访友，不得私自外出游泳或戏水，严格服从实习基地有关管理规定，妥善保管图件资料。

(1)必须按时参加野外实习，对于无故不出野外者，按情节给予通报批评、记过和取消实习资格等处分。

(2)实习期间因病或其他原因不能参加实习者，须事先写书面请假条，由带班实习老师签字后，交带队老师审批，同意后方可准假(班干部无权批假)。如果请假时间达到实习总时间的1/4，则取消该学生实习资格，次年自费来实习基地插班重修。

(3)不得私自外出游泳或戏水。实习期间，严禁下水，否则根据情节轻重给予通报批评，直至记过处分，后果自负。

(4)应严格按照学校有关规定保管好地形图等保密资料，遗失者给予严重警告处分。

(5)野外实习期间尊重当地风俗，不与当地群众发生纠纷，爱护他人劳动成果。不采摘农民瓜果，不践踏农民庄稼。违反者根据情节轻重给予批评教育，直至记过处分，造成损失的要给予赔偿。

(6)爱护实习基地的公共设施和环境，不与实习基地职工发生摩擦。有意见向站长、实习队长和带队老师反映，协调解决，避免发生过激言行。

(7)实习期间注意节约用水，严禁违章用电。如发现违章用电，按《学生管理规程》的有关规定处理。

第二章　实习区域概况

第一节　自然地理概况

“大雨落幽燕，白浪滔天，秦皇岛外打鱼船。一片汪洋都不见，知向谁边？往事越千年，魏武挥鞭，东临碣石有遗篇。萧瑟秋风今又是，换了人间。”难道你能不为这水天相接、波涛汹涌的大海所倾倒(图 2-1-1)，并产生一种对秦皇岛实习基地的向往之情吗？

图 2-1-1　北戴河风景

秦皇岛市地处河北省东北部，南临渤海，北倚燕山，东接辽宁，西近京津，地处华北、东北两大经济区结合部，居环渤海经济圈中心地带，距北京 280km，距天津 220km，是国家历史文化名城、河北唯一的零距离滨海城市，素有“京津后花园”的美誉，是京津冀经济圈中的一颗璀璨明珠。秦皇岛口岸自 1898 年设关以来，至今已有百余年历史。目前秦皇岛市管辖海港区、北戴河区、山海关区、抚宁区 4 个城区，以及昌黎县、卢龙县、青龙满族自治县 3 个县，设有国家级秦皇岛经济技术开发区和副厅级新区北戴河新区，陆域面积 7802km^2，海域面积 1805km^2，常住人口 309.46 万人。秦皇岛市境内地貌类型多样，山地、丘陵、平原、海岸带从北向南呈梯状分布。山地属燕山山脉东段，分布于抚宁县、卢龙县北部和青龙满族自治县全境，海拔多在 200～1000m 之间，海拔 1846m 的都山是燕山山脉东段主峰和秦皇岛境内最高峰。

北部丘陵山地沟壑纵横，河流众多，建有水库 300 多座，其中洋河水库、大石河水库较为著名。

实习基地建在海港区和北戴河区之间的山东堡村。教学实习路线东起山海关，西至滦河(或七里海)，北起柳江盆地，南至渤海海滨；东西长约 35km，南北宽约 25km，涉及海港区、北戴河海滨区、山海关区和抚宁县石门寨等地区。实习区北部为一个近南北向延伸的丘陵盆地——柳江盆地，盆地南北长约 20km，东西宽约 10km，东、北、西三面被陡峻的中低山包围，仅南面地势低平。盆地内最高峰"老君顶"位于盆地北部，海拔 493m。盆地西北部海拔多在 400m 以上，地势较陡；盆地东南部地势较低，一般 200～300m，南部大石河河谷(上庄坨一带)海拔仅 70m 左右。大石河发源于燕山山脉东段的黑山山脉"花榆岭"，由西北至西南流经柳江盆地，经山海关南侧在老龙头入渤海，全长 70km，流域面积 $560km^2$，是区内主要水系之一。1974 年在河流下游的小陈庄(河流出山口)建坝，建筑了蓄水量为 $7000\times10^4m^3$ 的大石河水库"燕塞湖"，它曾是秦皇岛市的主要饮水源，现已经成为重要的旅游景点。

秦皇岛市海岸线长 126.4km，其中 20.5km 为基岩海岸，其余为砂质海岸。基岩海岸广泛发育侵蚀地貌，例如海蚀崖、海蚀阶地、海蚀穴、海蚀凹槽、海蚀柱、海蚀穹等。砂质海岸主要有台地、沙丘、海堤、潟湖、滩涂等。由于入海河流较少，海水含盐度相对较高，加上黄海暖流流经该海区，使得秦皇岛港成为我国北方著名的不冻港，属国家一类口岸，是我国煤炭、石油等能源的主要输出港[1-3]。北京至沈阳、北京至秦皇岛、大同至秦皇岛 3 条国家铁路干线，京—沈、津—秦两条公路干线和京哈高速公路穿越海港区。秦皇岛机场(北戴河国际机场、山海关机场)连接北京、上海、广州、沈阳、哈尔滨、青岛、大连、石家庄等城市。秦皇岛是我国 14 个对外开放的沿海港口城市之一，处于环渤海经济圈的关键区位，逐渐成为拉动中国北方地区经济发展的发动机。

秦皇岛地处中纬度，属暖温带半湿润大陆性季风气候。因受海洋影响较大，春季少雨干燥，夏季温热无酷暑，秋季凉爽多晴天，冬季漫长无严寒，无台风和梅雨，四季分明。夏季主导风为南风或西南风，冬季为东北风。年平均降水量为 654.9mm 左右，其中 80%集中在暑期，故每年夏季多山洪发生，山洪期间多以大石河、汤河、戴河等作为排泄渠道。地下水水位夏季高，冬季低，总体趋势西北高、东南低，与地形起伏基本一致。北戴河海滨总体为侵蚀丘陵地形，北戴河镇西北部的东联峰山海拔为 152.9m。该地区有多条河流入海，自东往西依次有汤河、新河、戴河、洋河、饮马河。其中汤河全长 20km，入海口位于海港区汤河口，离实习基地北侧约 3km；新河全长 15km，在鹰角亭北侧入渤海；戴河长约 35km，流域面积 $290km^2$，在戴河河口入海。北戴河地区受海洋气候影响较大，年温差变化比同纬度的北京要小得多，全年平均气温为 8.9～10.3℃，最冷月份(1 月)为－9.3～－5.4℃，最热月平均气温为 24.1～25.2℃。暑期海水温度为 24～25℃，沙面温度为 31～33℃，气温约 24.5℃。滨海地区的空气含负离子 4000 个/cm^3，为一般城市的 10～20 倍，为北戴河海滨疗养、旅游事业提供了得天独厚的自然条件。

秦皇岛市自然资源丰富。已探明的矿产资源有金、铅、铜、铁、锌、石英、耐火黏土、石墨、煤和大理石等 40 多种。秦皇岛海岸线长，特产有对虾、海参、海蜇等海珍品，是中国北方重要的海产品基地之一。该地区果树栽培已有 2500 多年历史，林果资源丰富，主要有苹果、桃、葡萄等品种 190 余种。粮食作物主要品种是玉米、水稻、高粱、白薯。本区淡水资源缺乏，已成为秦皇岛市可持续发展迫切需要解决的问题。

秦皇岛是中国甲级旅游城市之一，北戴河曾是中共中央暑期办公地点。秦皇岛市海港区是秦皇岛市委、市政府所在地，是全市的政治、经济、文化中心。主要企业有著名的能源大港秦皇岛港和中外驰名的耀华玻璃厂。自 1984 年秦皇岛市被国务院列为全国 14 个沿海开放城市之一后，全市改革开放的步伐加快，经济建设蓬勃发展，市容、市貌也有了较大改观。海港区内，各式高楼拔地而起，街道宽阔整洁，各种树木花草点缀其间，为城市增添了活力。市内交通、通信发达，宾馆、饭店、商场和餐馆比比皆是，为游客的吃、住、行、游、娱和购物提供了便利条件。秦皇求仙入海处、亚运会海上运动场、人民公园等是区内的主要旅游景点。

北戴河海滨区依山傍水，婀娜俊美的联峰山植被繁茂，山色青翠，各种松柏四季常青，花团锦簇。戴河沿山脚蜿蜒入海。联峰山中文物古迹众多，奇岩怪洞密布，各种风格的亭台别墅掩映其中，如诗如画。这里曾是毛泽东等老一辈党和国家领导人的避暑圣地。东南面是悠缓漫长的海岸线，质细坡缓，沙软潮平，水质良好，盐度适中。沿海开辟的 30 多个海水浴场，为游客嬉戏大海，享受海浴、沙浴和日光浴提供了理想的场所。东面鸽子窝公园，是观日出、看海潮的最佳境地。每天清晨，游客们便早早地赶到这里，尽情地观赏日出的盛景，领略潮涨潮落的壮观景象。沿海岸线向内，更有秦皇宫、北戴河影视城、怪楼奇园、金山嘴、海洋公园等旅游景点，加上众多街心公园和花园的点缀，北戴河海滨区的山、海、花、木与各式建筑交相辉映，构成了一幅优美和谐的自然风景画(图 2-1-2)。

图 2-1-2　山海关和碧螺塔公园

山海关地区是古代军事要塞，早在新石器时期就有人在此劳动生息。明朝洪武十四年(1381 年)，中山王徐达奉命修永平、界岭等关口，在此创建山海关，因其倚山连海，故得名“山海关”，被誉为“天下第一关”(图 2-1-2)。山海关长城汇聚了中国古长城之精华。明万里长城的东段起点老龙头，长城与大海交汇，碧海金沙，天开海岳，气势磅礴，驰名中外的“天下第一关”雄关高耸，素有“京师屏翰、辽左咽喉”之称。角山长城蜿蜒，烽台险峻，风景如画，这里“榆关八景”中的“山寺雨晴，瑞莲捧日”及奇妙的“栖贤佛光”，吸引了众多的游客。孟姜女庙，演绎着中国四大民间传说之一“姜女寻夫”的动人故事。中国北方最大的天然花岗岩石洞“悬阳洞”，奇窟异石，泉水潺潺，宛如世外桃源。塞外明珠燕塞湖更是美不胜收。

南戴河海滨旅游区位于抚宁县城东南 19.5km，与北戴河海滨隔河相望，一桥相连。东起戴河口，西至洋河口，海岸线长 1.5km，总面积为 2.5km^2。南戴河海滨浴场沙软潮平，滩宽和缓，潮汐稳静，最高潮位为 1.66m，最低潮位为 0.66m，潮差 1m 左右，水温适度，安全舒适；海底沙细柔软，无礁石碎块，无污泥烂草；海水清澈透明，无污染，是海浴、沙浴和日光浴的理想佳境，著名书法家张仲愈先生曾挥毫写下“天下第一浴”5 个大字。

第二节　区域地质概况

一、地层

北戴河教学实习区的地层属于晋冀鲁豫地层区的燕辽地层分区中秦皇岛小区，为华北型地层。除较普遍缺失上奥陶统至下石炭统、下中三叠统、白垩系、古近系和新近系之外，就华北型地层而言，区内地层出露相对较全，分别有新元古界青白口系上部地层、下古生界寒武系和下奥陶统、上古生界上石炭统至二叠系、中生界上三叠统至侏罗系和新生界第四系[1—20]。下面将本区各时代的岩石地层单位主要特征，与邻区地层对比叙述如下(表 2-2-1)。

（一）新元古界(Pt_3)

1. 龙山组(Qb_3l)

该组地层岩性为一套砂岩、砾岩和页岩组合，下部为灰白色粗粒长石石英砂岩，含海绿石，底部含少量砾石，上部为杂色(包括紫红色、蛋青色、灰黑色、黄绿色)页岩。在砂岩中见波痕和交错层理。该组地层厚 25～91m。本组为滨海相沉积环境，与下伏太古宙花岗岩(γ_1)为非整合或沉积不整合接触。龙山组主要分布在本区东部落、鸡冠山和张崖子等地。前人曾将该组划归下马岭组。

2. 景儿峪组(Qb_3j)

该组地层岩性为紫红色、紫灰色、灰绿色和蛋青色薄—中厚层含泥白云质灰岩，底部常见黄褐色含砾、铁质海绿石中细粒长石砂岩。地层厚 25～53m，为滨海相沉积环境，与下伏龙山组为整合接触。此组出露在实习区的东部，以李庄北沟剖面为代表，厚约 28m。

（二）下古生界(Pz_1)

1. 昌平组($\in_1ch$)

该组地层岩性为暗灰色、灰黑色厚层—巨厚层豹皮状含沥青质粉晶—微晶白云质灰岩，

表 2-2-1 北戴河实习区岩石地层单位序列及与邻区对比[2,9,11]

代	纪	世	期	山西地层分区	燕辽地层分区(西→东)	实习区
新生代	第四纪	早—中更新世			泥河湾组	
	新近纪	上新世		九龙口组	石匣组	
		中新世		灵山组；雪花山组	汉诺坝组	
	古近纪	渐新世			灵山组	
		始新世			西坡里组；开地坊组	
中生代	白垩纪	晚白垩世			南天门组	
		早白垩世			青石砬组	
	侏罗纪	晚侏罗世			下店组；义县组；九佛堂组；义县组；大北沟组；张家口组	张家口组
		中侏罗世			土城子组；髫髻山组	髫髻山组
		早侏罗世			九龙山组；下花园组；南天岭组	下花园组
	三叠纪	晚三叠世 中三叠世			杏石口组	杏石口组
				二马营组	二马营组	
		早二叠世		和尚沟组	和尚沟组	
				刘家沟组	刘家沟组	
	二叠纪	晚二叠世		孙家沟组	孙家沟组	孙家沟组
		中二叠世		石盒子组	石盒子组	石盒子组
		早二叠世		山西组	山西组	山西组
	石炭纪	晚石炭世		太原组	太原组；本溪组	太原组；本溪组
	奥陶纪	中奥陶世		马家沟组	马家沟组	马家沟组
		早奥陶世		三山子组	亮甲山组；冶里组	亮甲山组；冶里组
	寒武纪	晚寒武世	凤山组；长山组	炒米店组	炒米店组	炒米店组
			崮山期	崮山组	崮山组	崮山组
		中寒武世	张夏期	张夏组	张夏组	张夏组
			徐庄期；毛庄期	馒头组	馒头组	馒头组
		早寒武世	龙王庙期；沧浪铺期		昌平组	昌平组
新元古代	青白口纪				景儿峪组	景儿峪组
					龙山组	龙山组
					下马岭组	

顶部含核形石，含三叶虫化石 *Redlichia*，数量丰富，地层厚 94～146m，*Redlichia* 是早寒武世的标准化石，因此昌平组的时代属早寒武世（$\in_1$），为浅海相沉积环境。昌平组以暗灰色含沥青质白云质灰岩出现为底界，与下伏景儿峪组为平行不整合接触，在实习区的东部发育较好，以东部落剖面为代表，厚 146m。本组前人曾称为府君山组。

2. 馒头组（$\in_1 m$）

该组地层岩性以鲜红色、暗紫色泥岩、页岩和黄绿色云母质粉砂岩为主，夹暗紫色粉砂岩、细砂岩和少量鲕状灰岩透镜体或扁豆体，页岩中含石盐假晶并夹少量白云质灰岩，底部具角砾岩和砾岩。中部产三叶虫 *Liaoxia* sp.，*Mufuhania* sp.，*Parachittidilla* sp.，*Luaspides* sp.，并有藻类 *Girvanella* sp.；上部的三叶虫有 *Bailiella lantenoiai*，*Proasaphiscus* sp.，*Liaoyangspis* cf. *hassler*，*Psilaspis temenus*，*Inouyia* sp.，*Sunaspis* sp.，*Yujinia magns* 等，并有少量核形石。地层厚 230～284m。馒头组中下部的时代属早寒武世，而上部的 *Bailiella*，*Sunaspis* 和 *Inouyia* 三叶虫化石表明上部地层时代为中寒武世，因而馒头组是个穿时的岩石地层单位（$\in_1$—$\in_2$）。本组的沉积环境下部为潟湖，中部为潮间带，上部则为浅海。地层底部以角砾岩和砾岩与下伏昌平组呈平行不整合接触。实习区内，本组出露在东部落、沙河寨等地，厚约 284m。本组包含了前人所划分的馒头组、毛庄组和徐庄组。

3. 张夏组（$\in_2 zh$）

该组地层下部为灰色中厚层鲕状灰岩夹黄绿色页岩，上部以灰色中厚层鲕状灰岩为主，夹藻灰岩、泥质条带灰岩；含丰富的三叶虫 *Damesella paronai*，*Lisania* sp.，*Solenoparia* sp.，*Peebiellus* sp.，*Aojia sp.*，*Taitzuia* sp.，*Poshania* sp.，*Amphoton* sp.，*Sunia* sp.，*Dorypyge richthofeni*，*Dorgpygella* sp.，*Crepicephalina* sp.，*Szeaspis* sp.，*Psilaspis manchurensis*，*Peronopsis* sp. 等；地层厚 79～98m。上述化石中 *Damesella*，*Taitzuia*，*Amphoton*，*Crepicephalina* 等属均为中寒武世的带化石，本组时代为中寒武世（$\in_2$）。本组的沉积环境为浅海相沉积环境，以薄层鲕状灰岩的出现为底界，与下伏馒头组呈整合接触。此组分布广泛，几乎在柳江盆地周围都有分布，在揣庄北 288 高地出露较好，可作为本区的典型剖面。

4. 崮山组（$\in_3 g$）

该组地层下部为紫色砾屑灰岩与紫色粉砂岩互层，中部为灰色中厚层灰岩（包括泥质条带灰岩、鲕状灰岩、藻灰岩等），上部岩性与下部相同。地层中化石丰富，产三叶虫 *Drepanura* sp.，*Blackwelderia paronai*，*Stephanocare* sp.，*Damesops* sp.，*Teinistion* sp.，*Cyclorenzella* sp.，*Liostracina* sp.，*Homagnostus* sp.，*Diceratocephalus* sp. 等，并有腕足类和叠层石化石。地层厚 79～102m。*Drepanura* 和 *Blackwelderia* 两种三叶虫为崮山阶的带化石，因而崮山组的时代属晚寒武世早期（$\in_3$）。本组的沉积环境属浅海相沉积。崮山组以紫色砾屑灰岩或紫色砾屑灰岩夹页岩出现为底界，与下伏张夏组为整合接触，在实习区分布广泛，以 288 高地东山剖面为代表，厚 102m。

5. 炒米店组（$\in_3$—$O_1 ch$）

该组地层下部为紫色薄层砾屑灰岩、粉砂岩与页岩互层，夹薄层藻灰岩和生物碎屑灰岩；上部为黄灰色薄层泥灰岩夹含砾泥灰岩、黄灰色钙质页岩及薄层泥质条带灰岩。下部有三叶虫化石 *Kaolishania* sp.，*Kaolishaniella* sp.，*Shirakiella elongata*，*Lioparia* sp.，*Changshania* sp.，

Peichaishania sp.,*Chuangia* sp.;上部三叶虫有 *Kainella*,*Richarsonella*,*Echinospaerites*,*Mictosaukia*,*Quadraticephalua*,*Tsinaniacanens*,*Lichengia*,*Ptychaspis*;并有腕足类和介形虫类。上述化石中 *Kaolishania*,*Changshania*,*Chuangia*,*Mictosaukia*,*Quadraticephalua* 和 *Ptychaspis* 均为晚寒武世晚期的重要化石,故本组大部分的时代属晚寒武世晚期。在区域上,本组地层上部有一段地层内含早奥陶世三叶虫 *Missisqoia perpetis*。因此,炒米店组为一穿时地层单位,从晚寒武世至早奥陶世($\in_3$—O_1)。本组的沉积环境属浅海相沉积。炒米店组在唐山赵各庄东域山地区出露厚 102m,与下伏崮山组呈整合接触。实习区以 288 高地东坡为代表,本组包括前人划分的长山组和凤山组。

6. 冶里组(O_1y)

该组地层岩性可分为上、下两部分,下部为灰色中厚层泥晶灰岩,夹少量薄层砾屑及虫孔灰岩;上部为灰色中厚层砾屑灰岩夹黄绿色页岩。地层中化石较丰富,有三叶虫 *Pseudokainella* sp.,*Asaphellus acutulus*,*Leiostegium latilimbatum*,*Arstokainella caluicepitis*,*Tienshigfuia* sp.;笔石 *Callograptus* sp.,*C. taizehoensis*,*Dendrograptus* sp.;腹足类 *Ophileta* sp.;腕足类 *Orthis* sp. 等。地层厚 116.9~125.5m。笔石 *C. taizehoensis* 和三叶虫 *Asaphellus acutulus* 为早奥陶世早期的重要化石,本组的时代当属早奥陶世早期(O_1)无疑。本组沉积环境为浅海较深水背景。冶里组以灰色厚层泥晶灰岩与下伏炒米店组呈整合接触,在本区主要出露于潮水峪至揣庄一带,以 288 高地为代表,厚 125.5m。

7. 亮甲山组(O_1l)

该组地层下部为深灰色中厚层含燧石结核云斑灰岩,夹少量砾屑灰岩和钙质页岩,向上过渡为厚层生物碎屑灰岩与薄层泥灰岩互层,夹砾屑灰岩;上部为灰色厚层含燧石结核条带灰岩、厚层豹皮状灰岩、中厚层云质条带灰岩,夹薄层云质条带灰岩。地层中化石,发育头足类 *Manchuroceras* cf. *patyventrum*,*Hopeioceras matiheui*,*Cameroceras* sp.;腹足类 *Ophileta* sp.;海绵 *Archaeoscyphia* sp. 等。地层厚 104~362m。上述头足类和海绵化石都是早奥陶世中期的重要化石或标准化石,故本组时代属早奥陶世中期(O_1)。此组沉积环境属浅海相沉积。该组底部以中厚层含燧石结核云斑灰岩与冶里组分界,二者整合接触。亮甲山组在实习区内出露较广,在小王庄、茶庄、潮水峪、石门寨等地均能见到,而且石门寨亮甲山为本组的创名地点,是亮甲组层型剖面地,厚 118m。

8. 马家沟组(O_2m)

该组地层岩性主要为黄灰色、深灰色厚层白云质灰岩,含燧石结核豹皮状白云质灰岩,顶部为泥晶灰岩。地层中化石较丰富,多产在顶部灰岩中,有头足类 *Stereoplasmoceras* sp.,*Armenoceras bubmarginale*,*Ormoceras submarginale*,*Polydesmia canaliculata*,*Pseudoskimoceras* cf. *maginale*,*Mesosondoceras* sp.,*Chislioceras reed*,*Linchengoceras nagaoi*;三叶虫 *Eoisotelus* sp.;腹足类 *Maclurites neritoides*,*Donaldiella* sp.,*Hormotoma* sp.,*Ophileta* sp. 等。地层厚 101~512.1m。头足类中 *Stereoplasmoceras*,*Armenoceras*,*Ormoceras*,*Polydesmia* 和 *Pseudoskimoceras* 是早奥陶世晚期的标准化石,时代当属早奥陶世晚期(O_1)。区域上马家沟组上部具有中奥陶世头足类化石 *Fengfengceras*,*Streospyroceras*,因而马家沟组上部地层时代为中奥陶世早期(O_2)。此组沉积环境为浅海相沉积环境。马家沟组底部以

黄灰色具微层理、含砾屑、燧石结核的白云质灰岩与下伏亮甲山组区分，二者为平行不整合接触。马家沟组在实习区内茶庄北山出露较好，可作为区内的典型剖面，厚101m。

（三）上古生界(Pz_2)

1. 本溪组(C_2b)

该组地层岩性可分为两部分，下部为杂色铁铝质泥岩和深灰色中厚层铁质粉砂岩；上部为灰色、紫色、黄绿色中薄层石英细砂岩，粉砂岩及页岩，夹3～5层泥灰岩透镜体。灰岩透镜体中含海相动物化石，粉砂岩及页岩中含植物化石：蜓 *Fusulinella laxa*，*F. colaniae*；珊瑚 *Arachnastraea machunrica*，*Bothrophyllum* sp.；腕足类 *Martinia* sp.，*Schellwienella* sp.；双壳类 *Astarlella* sp.，*Paleoneilo* sp.，*Aviculopecten* sp.，*Sanguinolites* sp.，*Edmondia* sp.；苔藓虫 *Fenestella* sp.；植物 *Calamites cistu*，*C. suckowii*，*Mesocalamites cistiformis*，*Lepidodendron* sp.，*Palaeostachya* sp.，*P. rhabda*，*Cordaites principantea*，*Neuropteris* sp.，*N. pseudogigantea*，*N. gigantean*，*Pecopteris* sp.，*Tingia partite*，*Sphenophyllum* sp.，*Annularia* sp.，*Sublepidodendron* sp. 等。地层厚18～51m。上述化石中，蜓类 *Fusulinella* 是晚石炭世早期的带化石，珊瑚 *Arachnastraea machunrica* 仅限于晚石炭世，植物 *Neuropteris gigantean* 和 *N. pseudogigantea* 分布于晚石炭世，因而本溪组时代归属于晚石炭世早期(C_2)。此组的沉积环境为一套海陆交互相沉积。本溪组平行不整合于奥陶系马家沟组灰岩之上。该组在实习区主要分布在柳江盆地内，厚51m。

2. 太原组($C_2—P_1t$)

该组地层岩性以灰黑色中厚层粉砂岩为主，含铁质结核，夹少量煤线和灰岩透镜体，由两个韵律构成；底部为青灰含铁中细粒长石岩屑砂岩，顶部为灰色中层粉砂岩、页岩与黄灰色细粒杂砂岩互层。化石有植物 *Neuropteris ovata*，*N. plicata*，*N. kaipingiensis*，*Neuropteridum coreanicum*，*Sphenophyllum* sp.，*S. oblongifolium*，*Lepidodendron posthumii*，*L. oculus-felis*，*Pecopteris candolleana*，*P. taiyuanensis*，*P. polymorpha*，*Cordaites principalis*，*Alethopteris huiana*；*Annularia pseudoshellata* 等；腕足类 *Dictyoclostus* sp.，*Chonetes* sp.；双壳类 *Paleoneilo* sp.，*Septimyalina* sp. 等。地层厚45～51m。上述 *Lepidodendron posthumii*，*L. oculus-felis*，*Pecopteris candolleana*，*Neuropteris ovata*，*Annularia pseudoshellata* 等植物化石及腕足类 *Dictyoclostus* 化石均是晚石炭世的常见化石，太原组时代大部分应归晚石炭世；石炭系—二叠系界线层型已确定，现界线比原界线低，故太原组顶部时代为早二叠世，它亦是穿时地层单位($C_2—P_1$)。本组沉积环境为海陆交互相沉积。太原组底部以青灰色含铁中细粒长石岩屑砂岩与下伏本溪组区分开，二者呈整合接触。该组在实习区内主要发育于柳江盆地的半壁店东191高地及小王山东坡一带，小王山剖面出露较好，可作为本区的典型剖面，厚51m，石门寨西门剖面厚48m。

3. 山西组($P_{1\text{-}2}s$)

该组地层主要岩性为灰色、灰黑色中薄层中细粒长石岩屑杂砂岩、粉砂岩、碳质泥岩及黏土岩，由两个韵律组成：第一韵律含煤层，第二韵律顶部含铝土矿。地层底部岩性为灰色中薄层含铁质中粒长石岩屑砂岩或灰色、灰白色含砾粗粒长石岩屑砂岩，顶部为灰色薄层铝土质粉砂岩。含丰富的植物化石 *Calamites* sp.，*Annularia gracilesens*，*Neuropteridum* sp.，*Taeniopteris nystroemii*，*Stigmaria* sp.，*Mesocalamites cistiformis*，*Cordaites principalis*，*C. schenkii*，*Pecopteris anderssonii* 等。地层厚 70～235m。植物化石 *Annularia gracilesens*，*Taeniopteris nystroemii*，*Cordaites principalis*，*C. schenkii* 等主要分布于上石炭统至下二叠统。根据植物化石组合，山西组的时代应属中二叠世早期(P_2)。此组沉积环境为近海沼泽沉积。山西组以灰色、灰白色中细—粗粒长石岩屑砂岩或与下伏太原组为界，二者为整合接触。在实习区本组地层分布于东部黑山窑至曹山一带，老柳江、夏家峪、石门寨西门一带发育较好，石门寨西门剖面可作为区内的典型剖面，厚 61.8m。本组为区内重要的含煤层位。

4. 石盒子组($P_{2\text{-}3}sh$)

该组地层下部岩性由灰色、黄褐色中厚层中粗粒长石岩屑杂砂岩与灰绿色含云母泥质粉砂岩 3 个韵律组成：在第二、第三韵律的顶部有紫色、紫灰色黏土岩或黏土质粉砂岩；上部为灰白色中厚层含砾粗粒长石净砂岩，夹极少量紫色细粒砂岩及粉砂岩。下部第一个韵律顶部的灰绿色含云母泥质粉砂岩中含植物化石，主要种属有 *Taeniopteris multinervis*，*T. shansiensis*，*Cordaites principalis*，*C. borassifolia*，*Mesocalamites* sp.，*Palaeostachya* sp. 等。地层厚 187m。植物化石中 *Taeniopteris shansiensis* 仅分布在中二叠统上部，*Taeniopteris multinervis* 分布于整个中二叠统。根据下部植物化石组合面貌，本组下部时代为中二叠世晚期(P_2)，上部属晚二叠世早期(P_3)。该组下部属湖泊相沉积，上部为河流相沉积。石盒子组底部以中厚层中粗粒长石岩屑杂砂岩与山西组分界，与山西组为整合接触。本组的范围相当于前人所划分的下石盒子组和上石盒子组。在实习区内本组主要发育于柳江盆地黑山窑、石岭和欢喜岭一带，石门寨西门及欢喜岭剖面可分别作为石盒子组下部和上部的典型剖面。

5. 孙家沟组(P_3su)

该组地层底部为一层紫色厚层含砾粗粒岩屑石英砂岩；下部以紫红色泥岩、页岩、粉砂岩为主，夹紫红色泥质含砾粗粒岩屑石英砂岩、中细粒岩屑长石砂岩及黄绿色粉砂质泥岩；中上部为紫红色泥质含砾中粗粒岩屑石英砂岩、泥质中粗砂岩，夹厚约 8m 的黑灰色碳质页岩；顶部为紫红色黏土岩。黑灰色碳质页岩及紫红色粉砂岩中含植物化石，有 *Taeniopteris taiyyunensis*，*Pecopteris* sp.，*P. arcuata*，*P. echinata*，*Sphenophyllum spathulatum*，*S. Thonii*，*Tingia hamaguchii*，*Annularia mucronata*，*Neuropteridum coreanicum*，*Otoflium* sp. 等。地层厚 150～168m。上述植物化石组合为晚二叠世晚期特征，因而本组时代为晚二叠世晚期(P_3)。孙家沟组属河流相沉积。该组底部以紫色厚层含砾粗粒岩屑石英砂岩与石盒子组顶部灰白色中厚层含砾粗粒长石砂岩分界，二者呈整合接触，本组曾称石千峰组。在实习区本组主要见于柳江盆地的黑山窑至欢喜岭一带。

（四）中生界(Mz)

1. 杏石口组(T_3x)

该组地层岩性为灰白色中粗粒长石石英砂岩、粉砂岩、黑色碳质页岩，夹煤线。地层中含大量植物化石，计有 *Neocalamites carrerei*，*N.* cf. *hoerensis*，*Sphenopteris* sp.，*Marttiopsis asiatica*，*M. horensis*，*Dictyophyllum nathorsti*，*D.* cf. *graeile*，*Clathropteris meniscioides*，

Todites sp.,*Ctenis* cf. *japonica*,*Pterophyllum sinense*,*Nilssonia* sp.,*Glossophyllum zeilleri*,*Ginkgoites* cf. *magnifotius*,*Cycadocarpidium* cf. *erdmanni*,*Pityophyllum nordenskioldi*,*Podozamites lanceolatus*,*Taeniopteris* sp.,*Cladophlebis* sp.,*Anomozamites* cf. *monor* 等,还见有少量昆虫和双壳类化石。地层厚 161.8m。上述化石中,*Glossophyllum*,*Cycadocarpidium* 主要见于晚三叠世,*Pterophyllum sinense*,*Anomozamites* cf. *monor* 和 *Ctenis* cf. *japonica* 仅见于晚三叠世,*Neocalamites carrerei*,*Marttiopsis asiatica*,*M. horensis*,*Dictyophyllum nathorsti* 和 *Clathropteris meniscioides* 均是晚三叠世地层中的常见分子。综上所述,含这个植物群的地层时代当为晚三叠世晚期(T_3)。此组属湖泊相沉积。杏石口组与下伏孙家沟组为角度不整合接触。本组在实习区原称黑山窑组,主要出露在黑山窑。

2. 下花园组(J_1x)

该组地层下部为灰白色、黄绿色厚层砾岩;中部为厚层含砾粗砂岩、岩屑砂岩,夹泥质粉砂岩、页岩、煤质页岩及煤层;上部为灰黑色碳质页岩与石英粉砂岩、长石石英砂岩互层,夹页岩、砂砾岩;顶部为碳质页岩夹煤层。植物化石丰富,计有 *Pityophyllum longifolium*,*P. nordenskioldi*,*Cladophlebis shansiensis*,*Cladophlebis* cf. *shansiensis*,*Pagiophyllum* sp.,*Zamites* sp.,*Z.* cf. *sinensis*,*Nilssonia* sp.,*Anomozamites* cf. *gracilis*,*A.* cf. *major*,*Podozamites lanceolatus*,*Phoenicopsis speciosa*,*Eguisetites* sp.,*Conioptes* cf. *hymenophylloides*,*Neocalamites* cf. *hoerensis*,*Cladophlebis asiatica*,*Czekanowskia setacea*,*Ginkgoites* sp.,*Baiera gracilis*,*B.* cf. *furcata*,*Equisetum* sp.,*Czekanowskia* sp.;双壳类 *Sibiriconcha* sp.,*Pseudocarclinia* sp.,*Ferganoconcha* sp.,*Tutuella* sp. 等。地层厚 357~493m。从上述植物化石组合分析,其应属早中侏罗世的植物组合,许多分子见于晚三叠世至早侏罗世,因此将此组时代置于早侏罗世(J_1)。本组属湖泊、河流、沼泽相沉积。下花园组与下伏杏石口组为平行不整合接触,二者的界线以本组底部砾岩为标志。在实习区内,本组原称北漂组,分布较广泛,主要发育于中部地区,近南北向展布,较好的剖面在黑山窑后村至大岭一带。

3. 髫髻山组(J_2t)

本组由火山熔岩与火山碎屑岩互层组成。岩性可分为 3 个部分:下部稍偏酸性,为灰绿色和浅黄绿色安山质、流纹质集块岩,夹凝灰岩和火山熔岩,厚 100m 以上;中部以中性岩为主,灰绿色普通安山质、角闪安山质、粗安质火山熔岩与集块岩、火山角砾岩互层,厚 400m 左右;上部以中基性岩为主,黑绿色、紫红色、青紫色玄武质、玄武安山质和辉石安山质火山熔岩与熔结集块岩、集块岩互层,夹少量火山角砾岩及凝灰岩,厚 600m 以上。髫髻山组与下伏下花园组等地层呈角度不整合或平行不整合接触。此组在实习区内原称蓝旗组,主要分布在柳江向斜的核部,近南北向展布,在上庄坨村西的傍水崖出露较好。区内本组尚未见沉积夹层,亦未获得化石,根据岩性特征并结合层位与燕辽地区的髫髻山组比较,确定本组时代为中侏罗世(J_2)。

4. 张家口组(J_3z)

岩性为一套灰色酸性—中碱性火山熔岩和火山碎屑岩,包括流纹质、粗面质和粗安山质火山熔岩、凝灰岩、火山角砾岩与集块岩。地层厚 350m 以上。本组在实习区内原称孙家梁组,分布局限,仅在东南蟠桃峪有少量出露。本组的上、下均被岩体破坏,未见与其他地层的直接接触关系。从区域资料来看，本组与髫髻山组为角度不整合接触。据区域地层对比，本组所属时代归入晚侏罗世(J_3)。

(五)新生界(Kz)

新生界在实习区内仅有部分第四系，分布在山前平原区，以冲洪积为主，其间夹海相层。晚更新世地层为冲积亚砂土夹砂砾石层；全新世地层由冲积相、洪积相、海相、潟湖相的沉积物及风成沙形成，冲洪积相中夹层具不稳定的泥煤。地层中含腹足类及哺乳动物化石。在秦皇岛至北戴河一带的全新世地层中，海相层厚度较大，占厚度的80%～90%。第四系一般厚20～80m。

二、岩浆岩和变质岩

秦皇岛地区处于燕山造山带东段，东与太平洋板块相邻。造山带活跃的内力地质作用使得岩浆岩和变质岩分布十分广泛。如图2-2-1所示，从分布面积来看，新太古代变质岩约占30%，新太古代和中生代侵入岩约占40%，震旦纪—侏罗纪盖层沉积约占10%，第四纪松散沉积物约占20%。资料表明，在盖层沉积中，绝大部分为侏罗纪火山岩[1-3]。火成岩和变质岩分布总面积约占全区面积的78%，可见秦皇岛地区岩浆活动和变质作用之强烈。从图中还可以看出，该图西南部分虚线框所示的实习区，大面积分布火成岩是其显著特点。在实习区，新太古代和中生代侵入岩约占65%，特别是新太古代侵入岩广泛分布，约占实习区面积的60%。在中生代侵入体接触带偶尔可见到少量接触变质岩。

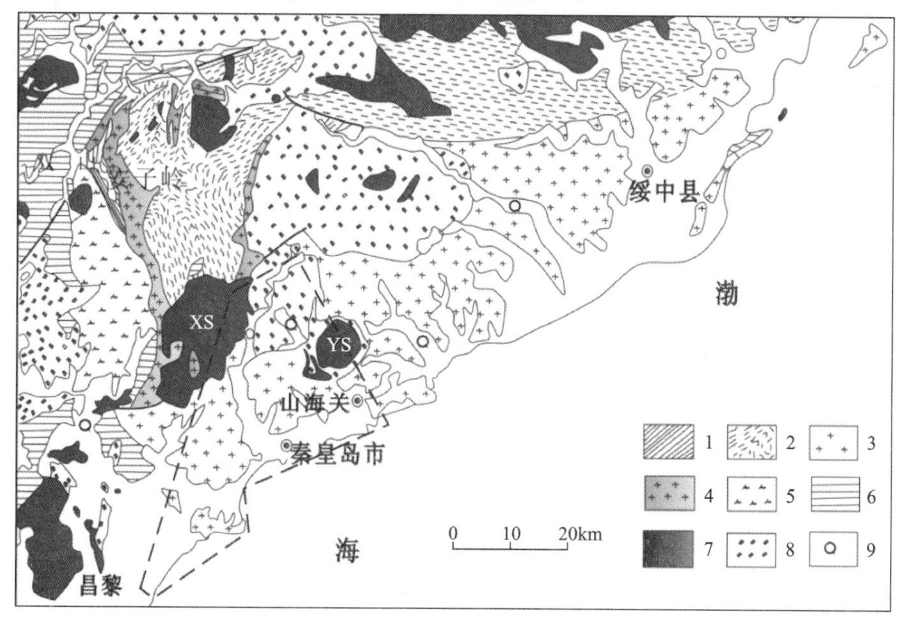

图2-2-1 秦皇岛—绥中地区侵入岩和变质岩分布简图[11]

1.英云闪长质—花岗闪长质片麻岩(新太古代安子岭花岗质片麻岩组合)；2.二长花岗质片麻岩(新太古代安子岭花岗质片麻岩组合)；3.新太古代秦皇岛(绥中)中粗粒花岗岩；4.新太古代中细粒花岗岩；5.新太古代闪长岩；6.新太古代单塔子群(变质表壳岩)；7.中生代花岗岩类侵入岩(XS.响山岩体，YS.燕塞湖岩体)；8.寒武纪—侏罗纪(∈—J)盖层沉积；9.第四纪沉积物；虚线框表示实习区大致范围

表 2-2-2 列出了秦皇岛地区各类岩浆岩类型。从表中可以看出，区域岩浆活动以多期次和多样性为特点。在时间上，区域岩浆活动包括新太古代五台期和中生代燕山期两个旋回。燕山期又包括中侏罗世(J_2)、晚侏罗世(J_3)和早白垩世(K_1)3 期，通常将侏罗纪归为燕山早期，将白垩纪归为燕山晚期。秦皇岛地区岩浆岩包括了深成岩、浅成岩、喷出岩和火山碎屑岩四大成因类型，岩石类型丰富多样，以中酸性岩类尤其是中酸性侵入岩(花岗质岩石)为主，少量基性岩类，个别地方还有超基性岩石。

表 2-2-2　秦皇岛地区岩浆岩一览表

旋回	时代	侵入岩		火山岩	
		深成岩	浅成岩	喷出岩	火山碎屑岩
燕山期	K_1	斑状石英正长岩*、斑状花岗岩*(125～120Ma)[11]	花岗斑岩*、细粒花岗岩*、正长斑岩*、辉绿岩*、伟晶岩*、细晶岩*		
	J_3	花岗闪长岩*、闪长岩*(145～140Ma[1])	石英斑岩	流纹岩*、安山岩*、粗面岩*	集块岩*、火山砾岩*、凝灰岩*
	J_2	闪长岩、花岗闪长岩、石英二长岩、花岗岩(170～150Ma[1])	玻基辉橄岩*、花岗斑岩	玄武安山岩*、安山岩*(165～155Ma，K-Ar 年龄[1])、流纹岩*	集块岩*、火山砾岩*、凝灰岩*
五台期	Ar_2	中粗粒花岗岩*(2494Ma，锆石 U-Pb 年龄，吴家弘，1981[9]；2412Ma，Rb-Sr 全岩年龄，方占仁，1985[12])、中细粒花岗岩、闪长岩	伟晶岩*、细晶岩*		

注：* 为实习区可见到的岩石类型。

岩石的分类依据是成分、结构、构造等岩石的最显著特征。由于侵入岩结晶较充分，肉眼可以识别矿物颗粒，因而其分类主要考虑矿物含量，这种分类称为定量矿物分类。图 2-2-2 是国际地质科学联合会(IUGS)推荐的花岗质岩石的定量矿物分类。这个分类以石英(Q)、碱性长石(A)和斜长石(P)含量对岩石进行划分，关键是要对石英、斜长石和碱性长石进行正确鉴定并估计其含量，在此基础上将 3 种矿物的含量换算成百分含量($Q+A+P=100\%$)后，在 QAP 三角图中投点确定基本名称。岩石中的暗色矿物(如黑云母、白云母、角闪石、辉石)可作为前缀参加命名，如黑云母-角闪石花岗闪长岩。此外，岩石命名还可以考虑该岩石显著的结构构造特征，如斑状花岗岩(具似斑状结构)、花岗斑岩(具斑状结构)、片麻状花岗闪长岩(具片麻状构造)等。

在花岗质岩石分类中，石英(Q)是最重要的矿物，它决定岩石的大类。从图 2-2-2 可以看出，花岗岩类(酸性)岩石的 $Q>20\%$，闪长岩类(中性)岩石的 $Q<5\%$，而当 $Q=5\%\sim20\%$ 时，属于花岗岩类与闪长岩类过渡类型，称为石英闪长岩类。从图 2-2-2 还可以看出，碱性长石(A)与斜长石(P)的比例是进一步划分的依据。其中，在花岗质侵入岩中，碱性长石包括钾长石和钠长石(指含钙长石分子 $An<5\%$ 的斜长石)，钾长石又包括正长石和微斜长石。因此在野外，正确鉴定不同的长石是非常重要的。不过，有时肉眼区分钾长石与斜长石比较困难，

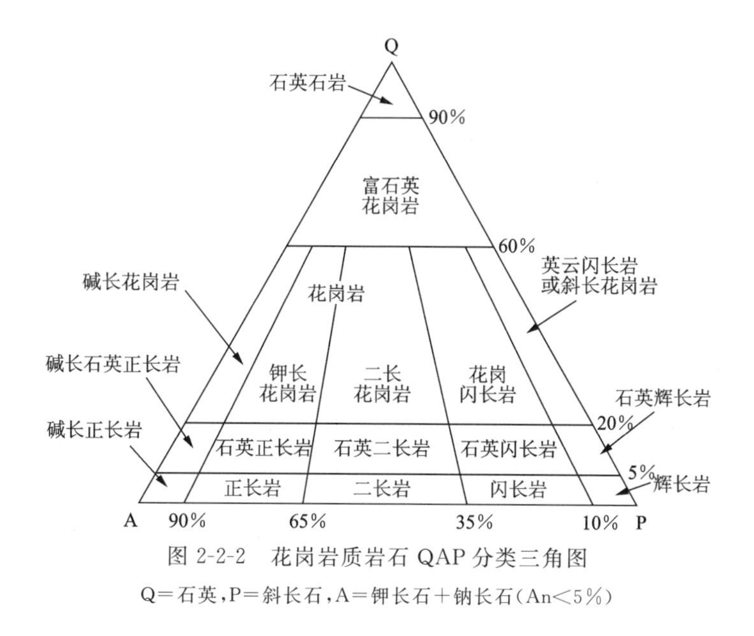

图 2-2-2 花岗岩质岩石 QAP 分类三角图

Q＝石英，P＝斜长石，A＝钾长石＋钠长石（An＜5%）

特别是区分钠长石与一般的斜长石往往很难办到，需要在室内用偏光显微镜或电子探针等专门方法进一步鉴定。此时，在野外可用“花岗岩”“闪长岩”“石英闪长岩”等大类名称初步命名，室内鉴定结果出来后再详细定名。

（一）新太古代变质岩

20 世纪 80 年代末期以来，随着区域变质岩地区的地质调查和岩石学-构造学研究的深入，许多原来认为的变质地层中都解体出大量变质侵入岩，甚至解体出大量未变质的岩浆花岗岩（以往认为是混合花岗岩，甚至是混合岩），秦皇岛地区也不例外。这里要特别提到穆克敏等（1989）的工作，对秦皇岛地区新太古代变质地层解体做出了突出贡献。他们不仅在原变质地层中区分出了变质侵入体，还以大量地质学、岩石学、地球化学资料论证了大面积分布在秦皇岛—绥中沿海一带的原“混合花岗岩”的岩浆花岗岩性质[9]。

从现有资料来看，秦皇岛地区新太古代区域变质岩形成于距今 3000～2800Ma（阜平期），包括变质表壳岩（即变质地层，称作单塔子群）和安子岭花岗质片麻岩两大套岩石组合。它们都遭受中级区域变质作用（变质相属角闪岩相），岩石的片理、片麻理等定向构造发育，它们代表了华北地块北缘古陆核急剧增生过程。

单塔子群变质表壳岩分布在西部双山子—昌黎一带，是一套变质的火山岩和沉积岩岩系，主要为黑云母-斜长石片麻岩、黑云母-角闪石-斜长石片麻岩夹角闪岩和条带状磁铁石英岩，局部夹白云质大理岩，常见条带状混合岩化。磁铁石英岩有时可作为铁矿开采。

安子岭花岗质片麻岩分布在北部安子岭一带，是一套黑云母（-角闪石）-斜长石片麻岩、黑云母-二长石片麻岩组合。这些片麻岩一方面具有花岗变晶结构、片麻状构造，另一方面具有变余花岗结构。岩石中常见单塔子群变质岩包体，局部还可见与围岩的侵入接触关系，在成分上分别与图 2-2-2 中的二长花岗岩、花岗闪长岩、英云闪长岩相当，因而是一套变质的英云闪长岩、花岗闪长岩、二长花岗岩组成的花岗质侵入体。为了突出其原岩的正变质性质，把它描述为“一套由英云闪长质片麻岩、花岗闪长质片麻岩和二长花岗质片麻岩组成的花岗质片麻岩组合”。

上述新太古代区域变质岩主体均分布在实习区外，在实习区内仅以大小不等的包体（捕虏体）产于新太古代秦皇岛花岗岩和中生代花岗岩之中，在金山嘴、联峰山顶等地变质岩包体较多。此外，在联峰山顶，可以看到条带状混合岩化黑云母-斜长石片麻岩和角闪岩，可能是秦皇岛中粗粒花岗岩之上的一个围岩残留顶盖。

（二）新太古代花岗质侵入岩

秦皇岛地区新太古代花岗质侵入岩包括闪长岩、中细粒花岗岩、中粗粒花岗岩等深成岩，以及相关的伟晶岩、细晶岩等浅成岩。在实习区北部鸡冠山顶可见到新元古界龙山组碎屑岩层沉积不整合覆盖在中粗粒花岗岩古侵蚀面上。根据中粗粒花岗岩的同位素定年资料（2494Ma，锆石 U-Pb 年龄，吴家弘，1981[9]；2412Ma，Rb-Sr 全岩年龄，方占仁，1985[12]；2552Ma 联峰山黑云母花岗岩，锆石 U-Pb 法，河北省地质矿产局地质调查大队，1986[12]；2600Ma，单颗粒锆石 U-Pb 蒸发法，中国地质大学（北京），2003[14]；后期变形变质作用温度计算值表明没有超过锆石 U-Pb 计年体系的封闭温度），这类花岗岩代表了五台期大规模的岩浆活动。在这期岩浆活动之后，本区的太古宙结晶基底最终形成。

在实习区大面积分布的新太古代花岗质侵入岩为中粗粒花岗岩，呈北东向巨大岩基分布在秦皇岛—绥中沿海一带，称为秦皇岛花岗岩或绥中花岗岩。岩体长约 150km，宽 10～30km，出露面积达 2600km^2，在实习区分布尤其广泛，约占实习区面积的 60%，在许多观察路线上都可见到。该花岗岩风化不仅形成北戴河一带著名的砂质黄金海岸，而且花岗岩本身侵蚀形成的奇山怪石也构成秦皇岛地区主要景点，令游人流连忘返。

秦皇岛花岗岩呈灰白色—浅肉红色，具中粗粒结构，块状构造，局部具弱片麻状构造。按结构，它可被称为中粗粒花岗岩。穆克敏等（1989）按构造称其为块状花岗岩[9]。按照矿物成分可以划分二长花岗岩和微斜长石花岗岩两个岩石类型，以二长花岗岩为主，它们的成分点在图 2-2-2 上分别落入二长花岗岩区和碱长花岗岩区。

二长花岗岩是秦皇岛花岗岩的主体岩石，在实习区内柳江向斜东侧和南侧、山海关、鸡冠山、老虎石和燕山大学等地都有大面积出露。岩石主要由微斜长石（34%～35%）、石英（27%～31%）、斜长石（An_{7-10}，25%～32%）组成，含少量黑云母（7%～10%）、绿帘石（1%～2%）、白云母（0.5%～1%），副矿物为榍石、磷灰石和磁铁矿（总含量 0.5%～1%）。

微斜长石花岗岩较少，在小东山等地出露。岩石主要由微斜长石（56%～62%）、石英（25%～30%）、斜长石（An_{17-20}，5%～10%）组成，含少量黑云母（2%～8%）、绿帘石（0.5%～2%）、白云母（0.5%～1%），副矿物为榍石、磷灰石和磁铁矿（总含量 0.1%～0.5%）。林建平等（2005）认为微斜长石花岗岩就位年代晚于二长花岗岩，大多呈小规模岩体侵入二长花岗岩之中[3]。

在秦皇岛花岗岩分布区常可见到岩浆活动晚期富流体残余岩浆形成的伟晶岩脉及热液活动形成的石英脉。在联峰山发现，由山脚往山顶越接近变质岩残留顶盖，伟晶岩脉、石英脉越多。这符合残余岩浆和热液活动集中在岩体顶部的一般规律，说明这些伟晶岩脉、石英脉大多数与新太古代秦皇岛花岗岩有密切的成因联系。当然，由于秦皇岛地区中生代岩浆活动强烈，不排除部分伟晶岩脉、石英脉可能属于燕山期。伟晶岩脉主要由颗粒粗大的石英和钾长石（微斜长石）组成，钾长石与石英常紧密交生，构成文象结构。有时可以看到矿物分带现象，发育最完整的分带自边缘至中心为：细晶岩带→微斜长石带→石英带，显示从边缘至中心逐渐结晶。

值得注意的是岩性对风化侵蚀作用的影响。众所周知，石英脉具有非常强的抗风化能力，因而常突出在露头表面。在实习区，一条厚10～15m的巨型石英脉构成鸽子窝—鹰角亭一带的奇峰陡崖。伟晶岩与花岗岩成分差不多，然而我们经常看到伟晶岩脉凸出于花岗岩，说明它比花岗岩耐风化侵蚀。金山嘴地区的南天门，实际上是一个海蚀穹，由伟晶岩（P）和花岗岩（GR）构成。如果没有伟晶岩，这个海蚀拱桥早就垮塌了。伟晶岩比花岗岩耐风化，究其原因主要是上述文象结构起作用，与钾长石交生的文象状石英起到了骨架的作用，提高了伟晶岩的抗风化侵蚀的能力。

（三）中生代燕山期火成岩

从图2-2-1和表2-2-2可以看出，秦皇岛地区中生代燕山期火成岩分布广泛，几乎遍及全区。岩石类型丰富多样，包括深成岩、浅成岩、喷出岩、火山碎屑岩四大成因类型，以及酸性、中性、基性、超基性四大化学类型。而且火成岩具有多期性，包括燕山早期中侏罗世（J_2）、晚侏罗世（J_3）以及燕山晚期早白垩世（K_1）3期。上述特点说明秦皇岛地区中生代燕山期岩浆活动强烈，这是区域地质的一大特征，起因于中生代时秦皇岛地区在构造上属于中国东部滨太平洋构造带。古太平洋板块往西向古欧亚大陆之下俯冲，导致了包括秦皇岛地区在内的古陆边缘强烈的岩浆侵入和火山活动。

1. 燕山早期火成岩

燕山早期中侏罗世（J_2）和晚侏罗世（J_3）火成岩都包括了侵入岩（深成岩和浅成岩）和火山岩（喷出岩和火山碎屑岩），但以火山活动强烈为特点。

中侏罗世（J_2）深成岩包括闪长岩、花岗闪长岩、石英二长岩、花岗闪长岩、花岗岩等中酸性岩石，但都以小规模的侵入体产出，在实习区不发育。浅成岩包括玻基辉橄岩（超基性）、花岗斑岩。在实习区内石门寨西北北浴村西约200m小路上可见到玻基辉橄岩岩墙，侵入于中侏罗世火山碎屑岩中，可见其年龄比火山岩稍晚。玻基辉橄岩呈深灰色，具斑状结构，块状构造，斑晶为辉石和橄榄石。

中侏罗世（J_2）火山岩出露在实习区北部上平山、石门寨、上庄坨、义院口一带，称作髫髻山组（原称作"蓝旗组"），由玄武安山岩、安山岩、流纹岩等中酸性喷出岩与集块岩、火山砾岩、凝灰岩等火山碎屑岩互层组成，其中的安山岩K-Ar年龄为165～155Ma[1]。髫髻山组在成分上以安山质为主，在建造上具有复合火山的沉积特点，说明当时秦皇岛地区曾发生爆炸式火山喷发。在上庄坨村西200m抽水站旁，有很好的集块岩、安山岩露头，其中，集块岩呈灰紫色，粗火山碎屑为长轴50～150mm的椭球形火山弹，含量约45%。火山弹间隙内充填主要为火山砾，少量火山灰。火山碎屑成分为安山岩，因而称为安山质集块岩。该集块岩具有火山口附近的火山碎屑降落沉积特点。安山岩呈灰绿—紫红色，具斑状结构，块状构造或气孔—

杏仁构造。岩石类型多样，按其最显著的特征可分为气孔安山岩、角闪石安山岩、斜长石安山岩、辉石安山岩等。气孔安山岩呈暗灰绿色，含橄榄石斑晶，成分向玄武岩过渡，按成分属玄武安山岩。

晚侏罗世(J_3)侵入岩包括闪长岩、花岗闪长岩、石英斑岩等，在实习区也不发育，仅在北部驻操营东有一南北向闪长岩椭圆形小岩株，面积不到 $10km^2$。与中侏罗世火山岩一样，晚侏罗世火山岩在实习区也比较发育。晚侏罗世火山岩称作张家口组(或称"白旗组")，分布在实习区东部燕塞湖岩体周边地带。张家口组成分也与髫髻山组类似，由流纹岩、安山岩、粗面岩等中酸性喷出岩与集块岩、火山砾岩、凝灰岩互层组成，说明秦皇岛地区晚侏罗世也曾发生爆炸式火山喷发。

2. 燕山晚期火成岩

燕山晚期早白垩世(K_1)火成岩以发育侵入岩为特征，缺乏火山岩。在实习区燕山晚期深成岩、浅成岩都比较典型，且有比较广泛分布。

早白垩世深成岩为斑状花岗岩和斑状石英正长岩，呈岩株或小岩基产出，在实习区包括响山斑状花岗岩和燕塞湖斑状石英正长岩两个岩体(图 2-2-1)，它们出露在实习区北部柳江向斜两侧。据河北省第一区调大队(1982)的相关资料，它们的同位素年龄为 125～120Ma，应属燕山晚期。

响山斑状花岗岩位于柳江向斜西侧，是一个出露面积约 $150km^2$ 的小岩基(图 2-2-3)，侵入于新太古代秦皇岛花岗岩和寒武纪—石炭纪地层之中。岩石为肉红色，具似斑状结构，块状构造，主要由钾长石(约 58%)、石英(约 28%)、斜长石(约 6%)组成，含少量角闪石(约 5%)、黑云母(约 2%)，副矿物为锆石、磷灰石和磁铁矿(总含量约 1%)，成分上属于图 2-2-2 分类中的碱长花岗岩。

燕塞湖斑状石英正长岩(又称作"后石湖山岩体")位于柳江向斜南东燕塞湖一带，是一个面积约 $50km^2$ 的典型岩株(图 2-2-3)，侵入于上侏罗统张家口组和新太古代秦皇岛花岗岩之中，在燕塞湖水库东南侧采石场有很好的露头。岩石为肉红色，具似斑状结构，块状构造。主要由正长石(约 84%)、石英(约 8%)组成，含少量角闪石(约 5%)、黑云母(约 2%)，副矿物主要为磁铁矿(约 1%)。斑晶为正长石，含量约 30%，呈(3mm×7mm)～(8mm×15mm)大小的板状，肉眼可观察到正长石斑晶具有卡氏双晶及由内部灰白色和边缘肉红色显示的环带构造。基质由细粒正长石、石英和暗色矿物组成，粒径为 0.6～1mm。

早白垩世浅成岩岩石类型多样，主要包括花岗斑岩、正长斑岩、辉绿岩等岩石类型，在实习区分布广泛，厚度呈几厘米至十几米，产状或陡或缓的岩墙侵入于较早的地层或岩体中。在岩墙与围岩接触带有时可看到岩墙边缘细粒冷凝带，相对的围岩一侧具有由退色显示出的烘烤带，在与沉积岩围岩接触带，可看见接触面切割围岩层理，这些都是侵入接触关系的可靠证据。

辉绿岩见于亮甲山、燕塞湖采石场和石门寨等地。岩石呈灰黑色，具细粒结构，块状构造。主要由斜长石(约 60%)和辉石(约 40%)组成，仔细观察可见斜长石呈较自形的长柱状不定向分布，辉石呈他形细粒状分布于斜长石晶体间隙之中，这种结构称为辉绿结构。如看不出辉绿结构，可泛称为“细粒基性岩”。

正长斑岩多见于燕塞湖一带，在燕塞湖采石场正长斑岩岩墙侵入于斑状石英正长岩之中，在接触带发育清楚的冷凝带和烘烤带。岩石呈暗灰色，具斑状结构，块状构造，斑晶为肉红色板状正长石。

花岗斑岩在实习区较常见。在沙锅店东山梁一条花岗斑岩岩墙侵入于下奥陶统亮甲山组灰岩之中，岩墙产状陡立，厚度较大(约 10m)，由于与灰岩围岩相比抗风化能力明显较强，像城墙一样凸出于地面。岩石呈浅肉红色，呈斑状结构，块状构造，斑晶为钾长石和石英；钾长石斑晶多风化成高岭土集合体，并被铁染成红褐色；石英斑晶暗灰色，可见很好的六方双锥形晶体。

(四)燕山期接触变质岩

在秦皇岛地区燕山期侵入体的接触带中，有时可观察到围岩在岩浆热和岩浆流体作用下发生的接触变质。烘烤带就是一个小的接触变质带，它是接触带斑状石英正长岩，在正长斑岩岩墙带来的岩浆影响下发生成分、结构变化(表现为退色)所形成的。据杨坤光等(2000)的研究成果，响山斑状花岗岩岩体与寒武纪和奥陶纪灰岩接触带发育有较大规模的接触变质，形成大理岩和角岩，在响山圣宗庙、房身沟等地还形成接触交代变质成因的矽卡岩型含铜磁铁矿小型矿床[2]。

三、构造

实习区大地构造位置处于中朝地块燕山褶皱造山带的东段(陆核、结晶基底分别形成于 3000Ma 和 1700Ma 之前)，东邻太平洋板块。在中元古代(Pt_2)—新元古代(Pt_3)早期，燕山地区是一个近东西向展布的海洋，其中心地区沉积了近万米厚的地层。古生代时期海域范围缩小、海水深度变浅，主要沉积了浅海及海陆交互相的地层，局部地区甚至上升为陆地(山海关地区)，从而缺失一些时期的地层[实习区缺失了上奥陶统(O_3)—下石炭统(C_1)]。中生代以来，燕山地区的地壳活动增强，岩浆活动和构造变形强烈，早先沉积的地层普遍遭受了褶皱变形，成陆造山，因而局部地区缺失下—中三叠统(T_{1-2})、白垩系(K)和古近系—新近系(E—N)等地层。实习区的构造运动表现明显，既有升降运动的表现，又有水平运动的表现，按时间可将实习区构造运动分为古构造运动、新构造运动和现代构造运动。

(一)古构造运动

古构造运动是指发生在古近纪及其以前地质历史时期内的构造运动，主要表现为一定规模的褶皱和断裂构造。

1. 褶皱构造

区域褶皱构造主要表现为向斜构造，局部发育一些次级褶皱，主要有柳江向斜和义院口背斜。

柳江向斜是实习区内的主要褶皱构造，位于实习区北部老君顶—小傍水崖—鸡冠山一带，近南北向延伸(图 2-2-3)，长约 20km，宽约 8km。柳江向斜的地层由新元古代—中生代地层组成，核部地层主要为二叠系，大多被侏罗纪火山岩不整合覆盖。两翼地层主要为寒武系、奥陶系和石炭系。向斜西翼地层倾向南东东，倾角一般大于50°，个别倾角大于80°，甚至直立，常发育一些南北走向的逆断层，致使局部地区地层出露不全。向斜东翼地层向西倾斜，倾角一般为10°～25°，地层出露较完整。

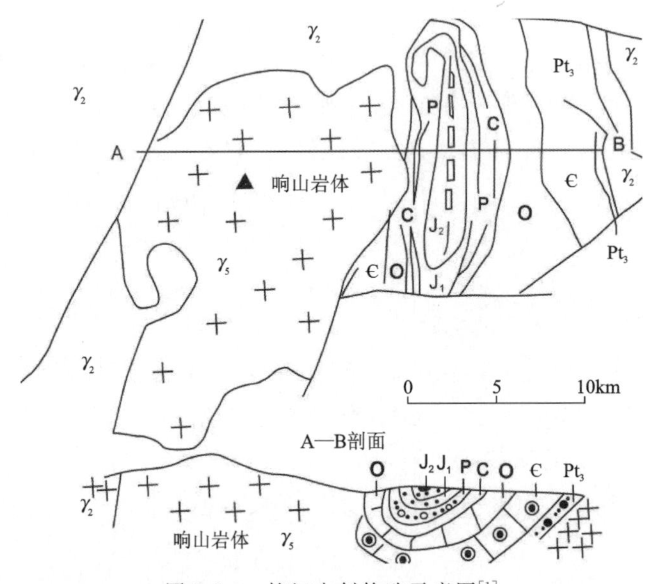

图 2-2-3 柳江向斜构造示意图[1]

义院口背斜位于柳江向斜北部义院口公路旁，是柳江向斜的一个次级褶皱，规模较小，露头破碎强烈。背斜地层由二叠系深灰色、灰黑色砂质页岩、砂岩及含砾砂岩组成，核部地层为砂质页岩，两翼地层为砂岩和含砾砂岩。岩层弯曲变形连续，北翼地层向北倾斜，倾角25°左右；南翼倾向东南，倾角60°左右；枢纽向北东东倾伏；转折端圆滑，发育向核部收敛的放射状节理。

2. 断裂构造

区域大断裂主要围绕山海关古陆隆起发育，其中西界大断裂为北北东向青龙-滦县大断裂，中元古代时期该断裂控制燕山海槽东段的大地构造性质，断裂以西地区呈大幅度坳陷状态，以东地区则主要呈现上升状态(山海关地区)。

实习区断裂构造大多与柳江向斜有关，其中南北向断层是实习区比较发育的一组断层，主要分布于柳江向斜的西翼，由若干条逆断层组成断层带，长达10km，宽为200～300m。断面倾向西，倾角常大于66°，切割了古生界—侏罗系。北东向断层也是实习区主要发育的断裂，主要分布于柳江向斜两翼，延伸较长，有正断层和逆断层两种类型。北西向断层主要分布于柳江向斜西翼的中、北部地区，规模一般较小，多为平移断层。东西向断层分布于柳江向斜的南、北两端，主要形成于中生代时期。

除了较大规模的断层之外，实习区也发育一些较小规模的断层，局部组合成叠瓦状和阶梯状断层。此外，实习区发育大量节理构造，类型有剪节理和张节理，方向主要有北东向和北西向，其次有南北向和东西向。

（二）新构造和现代构造运动

新构造运动是指发生在新近纪及第四纪的构造运动，现代构造运动是指发生在人类历史时期的构造运动。由于构造运动发生的年龄测定资料局限性，实习区新构造运动和现代构造运动实际上比较难以区分。它们总体上表现为地壳的上升运动，且西北部地壳抬升幅度大于东南部。

从地貌特点可见，自实习区北部柳江盆地至南部北戴河海滨地区，普遍存在3级夷平面[10]。Ⅰ级夷平面海拔高度约600m，形成时间约在古近纪晚期至新近纪早期，主要分布在柳江盆地西部的轿顶山、大平台一带。Ⅱ级夷平面海拔高度约450m，形成时间为新近纪中晚期，主要分布于柳江盆地北部的老君顶大洼山及其以西地区。Ⅲ级夷平面海拔高度约300m，形成时间为新近纪至第四纪早期，主要分布于柳江盆地、石门寨、燕塞湖以北广大地区。

进入第四纪以来，地壳的上升运动造成了河流阶地、海蚀阶地和高出现代潜水面的溶洞等地质记录。在大石河和汤河两侧，分别发育多级河流阶地。其中，Ⅰ级阶地高出河漫滩2～3m，通常为冲积阶地，表面宽平且完整；Ⅱ级阶地高出河漫滩5～10m，多为冰蚀—冰碛阶地[6]，表面宽平，但不连续；Ⅲ级阶地高出河漫滩20～25m，为侵蚀阶地，表面不连续，常有零星磨圆度较好的砾石分布；Ⅳ级阶地高出河漫滩30～35m，为侵蚀阶地，零星分布。上述4级河流阶地的出现，反映了第四纪以来实习区地壳至少经历了4次强烈抬升运动，每次抬升幅度约10m。这一地壳抬升现象也表现在北戴河海滨区的海岸基岩上，不同高度的海蚀穴、海蚀凹槽和海蚀沟普遍发育在鹰角亭、小东山、金山嘴和老虎石等基岩海岸上。

四、矿产

实习区矿产资源丰富，主要有煤矿、铝土矿和耐火黏土、石灰岩、石英砂岩等，此外有铁铜矿、铅锌矿和重晶石等金属矿产，以及滨海砂矿和花岗岩、正长岩和辉长岩等建筑石材。

1. 煤矿

煤矿是实习区的主要矿种，广泛分布在柳江向斜的石炭系（本溪组、太原组）、二叠系（山西组、下石盒子组）和侏罗系（髫髻山组、下花园组）地层中，总分布面积约75km^2。其中，产于石炭系的煤有2层，产于二叠系的煤有4层，产于侏罗系的煤达10层[6]，其原始沉积环境主要为海陆交互的滨海平原和内陆湖泊环境。煤层厚度变化大，一般厚度为0.5～2.5m，最大厚度达12.68m（二叠系）。煤质牌号一般为无烟煤，局部为贫煤。由于煤层受后期岩浆活动影响，各煤层均发生不同程度的变质，煤质灰分偏高，硬度大，致密块状。各煤层的含硫量自下而上逐渐减少，但均小于1%，属于低硫煤。各煤层含磷量小，最大值介于0.02%～0.09%。各煤层的黏结性均为1，不黏结的均呈粉状。

2. 铝土矿和耐火黏土

铝土矿主要分布在柳江向斜两翼，矿层主要产于石炭系底部页岩和黏土岩中，底界受古风化剥蚀面控制，矿体最长达1km多，厚度一般为2～3m，可供开采品位的矿体不多。区域上该层铝土矿相当于耐火黏土的G层。

耐火黏土主要分布于柳江向斜东翼的石炭系和二叠系中，自上而下共分7层（A、B、C、D、

E、F、G)。由于耐火黏土层原始形成条件的特殊性,含矿地层在区域上存在相变,矿体常呈透镜体产出,大小不等,其中工业可采层位一般为G、F、D和B层。G和F层产于上石炭统本溪组底部,D层产于上石炭统—下二叠统太原组,B层位于下二叠统山西组顶部。矿石化学成分多为Al_2O_3+TiO(含量25%~48%)、Fe_2O_3(含量1.3%~3.0%),烧失量为13%~15%,耐火温度为1650~1750℃。

3. 石灰岩

石灰岩在实习区北部十分普遍,主要分布于柳江盆地寒武系、奥陶系中。化学成分主要为$CaCO_3$,其次为$MgCO_3$、SiO_2和Fe_2O_3。石灰岩主要用于烧制水泥,当地建有一批大型水泥厂,此外用于烧制石灰、建筑石材和铺路基石。石灰岩的开采和加工利用已经给当地环境带来了较大的污染。

4. 石英砂岩

石英砂岩主要产于柳江向斜翼部的新元古代地层中,实习区主要见于鸡冠山顶部。石英砂岩纯度较高,SiO_2含量为90.99%~95.17%,Al_2O_3含量为2.76%~4.96%,Fe_2O_3含量为0.34%~0.43%,质量符合工业制作要求,曾被秦皇岛市耀华玻璃厂等大型生产企业用作主要石英原料开采。

除了上述主要矿产之外,实习区还产有铁铜矿、铅锌矿和重晶矿等,它们常产于岩浆侵入体周围。滨海区的沙滩和残坡积物中常含有较高独居石矿物,最高品位可达600g/m^3,平均达54.12g/m^3,可作为工业砂矿开采。实习区广泛分布的花岗岩、正长岩和辉长岩等岩浆侵入体,常用作建筑石板、雕刻石材和路基石料等。

五、区域地质发展简史

实习区位于中朝地块燕山褶皱造山带的东段。在距今约3000Ma之前的古太古代,西起内蒙古大青山,向东经过山西省阳高,河北省怀安、遵化、迁安、山海关和辽宁省新金一带,中朝地块形成了以海底火山喷发岩为主的迁西群沉积[15]。约3000Ma时中朝地块形成初始陆核,开始陆壳和洋壳的分异。实习区西部的青龙-滦县大断裂形成于新太古代晚期,控制了实习区古元古代和新元古代早期的沉积背景。期间青龙-滦县断裂西盘持续下降,沉积了厚达数万米的碎屑岩和火山岩;东盘(实习区)则为断隆起,遭受剥蚀。新元古代中期,华北地区整体下降,海侵范围急剧扩大,实习区出现了新元古代晚期浅海相沉积。之后在800~570Ma期间,整个中朝地块上升成陆,没有沉积。

古生代开始中朝地块总体处于海侵状态。从寒武纪至中奥陶世末期,基本连续沉积了一套海相地层。从晚奥陶世开始,中朝地块整体平均再次上升成陆,直到中石炭世才重新下降变成海洋,接受沉积。因此,实习区普遍缺失上奥陶统—下石炭统,形成古风化剥蚀面。

中、晚石炭世的沉积总体以海陆交互相为主,在底部与奥陶系的不整合面附近形成残积型铁矿和铝土矿。晚石炭世末期实习区地壳上升,至早二叠世基本脱离海洋环境,晚二叠世完全变为陆地,整个华北地区开始出现一套以河湖相和沼泽相为主体的含煤碎屑岩沉积。

中生代开始实习区上升强烈,缺失沉积。中三叠世末期的印支构造运动使地层发生强烈构造变形,致使下侏罗统与古生界之间呈角度不整合接触关系。侏罗纪时期的燕山运动对实习区影响强烈，早侏罗世末期的燕山运动Ⅰ幕形成下侏罗统和中侏罗统之间的低角度不整合。中侏罗世的强烈火山喷发和岩体侵入，形成了实习区中侏罗世火山岩。中侏罗世末的燕山运动Ⅱ幕产生了强烈的构造变形，形成了实习区的柳江向斜构造。晚侏罗世的火山活动带来了实习区的中酸性火山喷发，末期燕山运动Ⅲ幕（主幕）表现为实习区大规模的花岗岩体侵入（145～137Ma）。早白垩世地壳活动进入相对平静期，只有少量斑岩类小岩体和浅成岩脉侵入，早白垩世末的构造运动强度明显减弱。直到现在整个华北地区构造运动逐渐减弱，全区总体上升，遭受剥蚀，因此实习区总体缺失白垩纪至新近纪的沉积。

新生代以后实习区差异升降和阶段性升降运动明显，造成实习区西北高、东南低的地貌格局，形成600m、450m、300m海拔高度的夷平面和多级河流阶地、海蚀阶地和其他古海蚀地貌，并造就了实习区总体水系流向东南，注入渤海。

第三章 野外教学实习路线

第一节 石河河口

路线：基地→石河铁路桥→石河河口→基地。

任务：

(1)罗盘的使用，利用罗盘定点。

(2)河流中游河口区形态、地貌及沉积物特征观察。

(3)海岸带的认识、砂质海岸的观察、海滩剖面的测量。

(4)观察波浪、潮汐、海水水色、透光度、温度和盐度等。

(5)简单的海洋气象观测。

学生准备工作：

(1)预习地形图和罗盘的基本常识，准备必要的野外实习用品。

(2)预习波浪、潮汐、海水理化性质等基础知识。

(3)预习河流沉积特征及河口区地质作用特点。

位置：石河铁路桥下。

意义：海洋学基础认识、砂质海岸、河口地形、三角洲沉积观察点。

观察内容：

(1)观察石河中游河道形态。

(2)观察和测量河道砾石形态、规模与相关参数。

教学过程及内容要点：

1.石河简介

石河发源于实习区西北部的燕山山脉东段花榆岭附近，流经柳江盆地，至山海关南侧注入渤海，全长约70km，流域面积约560km^2，是实习区的主要水系之一。石河是一条季节性河流，流量随季节发生较大变化，每年夏季是主要的降水时间，带来大量的沉积物，并堆积于河口区，其他时间基本无河水入海(图3-1-1)。

铁道桥所处位置为石河河道中上游。石河是一条短源河流，属于辫状河沉积，从桥上眺望，可以很清楚地看到河流全貌，包括发源地燕山山脉、河流入海口等。

图 3-1-1　石河位置及远眺图(杜学斌摄于 2017 年)

2. 河道沉积物观察与测量

由于地处石河中上游,河床以砾石充填为主。磨圆和分选相对较好。砾石直径多在 5～20cm 之间,砾石的扁平面指向河道上游。要求学生分组测量和统计砾石直径、砾石扁平面指向,判断水流流向(图 3-1-2)。

图 3-1-2　石河中上游河道砾石充填(杜学斌摄于 2017 年)

位置:石河下游人工栈道及公路桥上。

意义:河边湿地与心滩观察点。

观察内容:

(1)观察河边湿地特征。

(2)观察河道及心滩特征。

教学过程及内容要点:

1. 观察石河中下游湿地特征

本处湿地主要是石河摆动过程中形成的一些废弃的河道或洼地,夏季洪水期可能会被河水淹没。典型特征是植被繁盛，如芦苇等，常有鸟类在此栖息(图 3-1-3)。

教学要点：让学生直观地感受湿地的主要特征，比较其与河流体系的差别。

图 3-1-3　石河中下游湿地(杜学斌摄于 2017 年)

2. 观察石河中下游江心洲特征

本处主要观察石河中下游地区心滩特征，观察地点为公路桥上。心滩也叫江心洲，是位于河心的浅滩，与复式环流作用有关。在河床突然加宽处，由于河水流速降低，在河底受两股相向的底流作用，于是发生了两岸侵蚀现象，并在河床底部逐渐堆积形成心滩。在洪水期间，心滩增大淤高，顶部覆盖了悬移质泥沙，发展成经常露于水面之上的江心洲，又称沙岛。江心洲比较稳定，但通常由于洲头不断冲刷，洲尾不断淤积，整个江心洲会缓慢地向下移动。随着心滩或江心洲的发展，河流分叉，河床不稳定。在一定的条件下边滩和心滩可以互相转化，它们也都可能发展成河漫滩的一部分(图 3-1-4)。

图 3-1-4　石河下游江心洲(心滩)(杜学斌摄于 2017 年)

教学要点：让学生观察心滩的形态、所处的位置，比较与边滩的不同。

位置：石河河口区。

意义：三角洲河口坝观察点、海洋学基础认识教学点。

观察内容：

（1）观察波浪、潮汐、海水水色、透光度、温度和盐度。

（2）观察河流入海口沉积特征。

教学过程及内容要点：

1. 观察石河入海口的沉积特征

本处为石河注入渤海的汇入区，在河口区发育大型的河口坝，河口坝呈喇叭口形向大海方向展开，沙质细，手感好。由于涨潮与退潮的影响，使得有些沙坝在水中时隐时现，称之为水下沙坝。同时，由于沿岸流的改造作用，河口坝被改造为沿岸沙坝，此外还可以观察到典型的凸岸堆积、凹岸侵蚀现象（图 3-1-5、图 3-1-6）。

河口坝

水下沙坝

图 3-1-5　石河入海口沙坝（杜学斌摄于 2017 年）

图 3-1-6　海浪改造的沙坝（杜学斌摄于 2017 年）

教学要点：让学生仔细观察各种地质现象，与上游、中游进行对比。

2. 学习波浪、潮汐、海水水色、透光度、温度和盐度等的观测方法

此部分内容也可放在山东堡海滩进行讲解，见本章“第五节燕山大学北风化壳—山东堡海滩”中“NO. 2”相关内容。

1)波浪的观测

海滨观测波浪的方法通常有岸用光学测波仪测波法、自记波浪仪测波法和目测波浪法。波浪观测包括:测定风向、风速;判定海面的海况、波型;测定波向、周期、波高(图 3-1-7);计算测波时浮标处的水深。

在实习区由于设备所限,故采用目测波浪法。

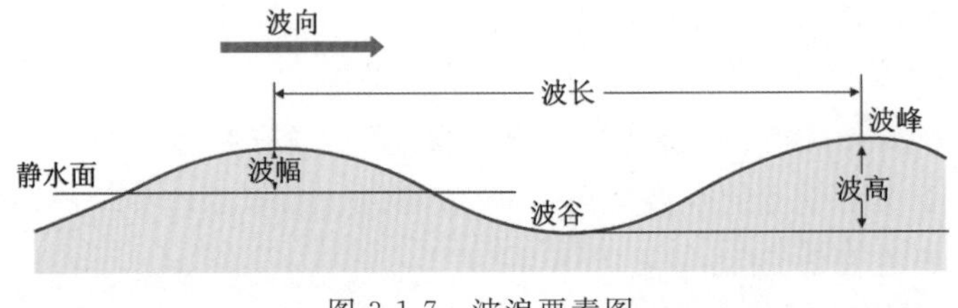

图 3-1-7 波浪要素图

(1)海况观测:海况是指在风直接作用下的海面外貌,根据海面不同的征象将海况划分为0~9 级(表 3-1-1)。

表 3-1-1 海况等级表

海况等级	海面征象
0	海面光滑如镜
1	波纹
2	风浪很小,波峰开始破裂,但浪花不是白色
3	风浪不大,但很触目。波峰破裂,其中有些地方形成白色浪花(白浪)
4	风浪具有明显的形状,到处形成白浪
5	出现高大波峰,浪花占了波峰上很大的面积,风开始削去波峰上的浪花
6	波峰上被风削去的浪花开始沿海浪斜面伸长成带状
7	风削去的浪花带布满了海浪斜面,并有些地方到达波谷
8	稠密的浪花带布满了海浪斜面,海面因而变成了白色,只在波谷有些地方没有浪花
9	整个海面布满了稠密的浪花层,空气中充满了水滴与飞沫,能见度显著降低

海况的观测是以目力观测拍岸浪带以外的大范围能见海面的征象,按照海况等级表判定,虽然风速的大小直接影响海况的等级,但它们之间没有完全的对应关系。因此,不能根据风速的大小判定海况等级。观测海况时必须避开流区及地形的影响。

(2)波型观测:波型表示海浪的生成原因及传播类型。观测时应根据海浪的外形进行判定。波型分为风浪和涌浪两种。

风浪:由风直接作用于海面生成的海浪。波峰较尖,波峰线较短,背风面比向风面陡,波峰上常有浪花和飞沫。

涌浪:是引起海浪的风显著减弱、完全停止或改变了方向后遗留下来的海浪,或从邻近海区传来的海浪。涌浪外形圆滑,波峰线较长,波向明显,波陡较小。

以目力观测拍岸浪带以外大范围能见海面的海浪外形,避开地形的影响。具体观测记录参照表 3-1-2。观测时如风已减弱或停止,而海浪仍具有明显的风浪特征,则记为 F'。

表 3-1-2　波型分类表

波形	符号	海浪外貌特征
风浪	F	受风力的直接作用，波峰较尖，波峰线较短，背风面比向风面面陡，波峰上常有浪花和飞沫
涌浪	U	受惯性力作用传播，外形圆滑，波峰线较长，波向明显，坡陡较小
混合浪	FU	风浪和涌浪同时存在，风浪波高与涌浪波高小差不大
	F/U	风浪和涌浪同时存在，风浪波高明显大于涌浪波高
	U/F	风浪和涌浪同时存在，风浪波高明显小于涌浪波高

(3)波向观测：波向是指海浪的来向，观测时应分别测定风浪和涌浪的波向，以十六方位记录。

特殊情况波向的记录：①如海面仅出现风(涌)浪时，则涌(风)浪波向记“C”；②如海面同时出现两个以上风(涌)浪波系时，则只测定其主要波系的波向；③海面上无海浪或有海浪而测不出波高、周期时，波向栏记“C”，如能测出波高、周期而测不出波向时，波向栏记“×”。

(4)周期观测：观测时可选海面上一固定点，以此点波动的情况测定周期。测定 11 个连续波峰的时间间隔(即 10 个波)。同样方法共测定 3 次。用 30 除以 3 次时间间隔之和，即为观测周期。相邻 2 次周期观测时间间隔应不超过1min。

(5)波高观测：取周期的 100 倍作为波高的观测时间。在此期间内，密切注视海面一固定点，直接估计出 1/10 大波波高和最大波高，并用波高查出波级(表 3-1-3)。波高以米(m)为单位，取一位小数。

表 3-1-3　波级表

波级	波高(m)	名称	波级	波高(m)	名称
0	0	无浪	5	$3.0 \leqslant H_{\frac{1}{10}} < 5.0$	大浪
1	$H_{\frac{1}{10}} < 0.1$	微浪	6	$5.0 \leqslant H_{\frac{1}{10}} < 7.5$	巨浪
2	$0.1 \leqslant H_{\frac{1}{10}} < 0.5$	小浪	7	$7.5 \leqslant H_{\frac{1}{10}} < 11.5$	狂浪
3	$0.5 \leqslant H_{\frac{1}{10}} < 1.5$	轻浪	8	$11.5 \leqslant H_{\frac{1}{10}} < 18.0$	狂涛
4	$1.5 \leqslant H_{\frac{1}{10}} < 3.0$	中浪	9	$H_{\frac{1}{10}} \geqslant 18.0$	怒涛

2)潮汐的观测(水尺观测)

临时潮汐观测可根据实际需要，因地制宜地选择水尺、无井验潮仪来设置验潮井，通过验潮仪或月计水位的观测来实现。

水尺通常分为木质水尺和搪瓷水尺两种。木质水尺一般采用形变小、伸缩性小的杉木或其他坚硬木材制成，厚 5～10cm，宽 10～15cm。尺面涂以白色油漆，其上用红、蓝油漆标有刻度和数值。搪瓷水尺具有刻度清晰、不易附着海洋生物及便于清洗、维护、更换的优点，一般采用木螺丝固定在木质尺桩上。

新安装或更换的水尺在启用前，应按国家四等水准测量的要求与校核水准点进行连测，确定水尺零点的高程。测点若设在有护木的码头上，可将水尺直接固定在护木上；也可在建筑物或岩壁上打眼，再用混凝土将金属构件固定在建筑物或岩壁上，最后用螺丝将水尺装在金属构件上。测点底质松软时，可将尺桩打入海底；若底质坚硬，可打洞固定尺桩或在预制的混凝土墩上留孔，再将尺桩插入孔内，用铅丝固定，最后将水尺固定在尺桩上。若潮间带坡度小，宽度大，一支水尺难以观测，应设立水尺组。水尺组相邻的两支水尺刻度交叉重复部分不得小于0.2m，并对水尺组中的各水尺统一编号。

水尺观测于每日整点进行，在高(低)潮时刻，应在其前后半小时内每隔10min观测一次，观测结果记入观测簿，同时在相应栏内记入水尺编号和观测时刻。对水尺进行观测时，应尽可能缩小视线与水面的夹角，读取水面截于水尺面的数据。当水面平稳时，可一次读取，有波浪时，应连续3次读取波峰和波谷的中间数值，然后取其平均作为该次的观测值。水面落至水尺零度以下时，读取水尺零点至水面的距离数值，并在记录数字前加负号。

3)海水透明度、水色的观测

海水透明度、水色的观测采用透光度盘和水色计观测。

海水的透明度用白色的圆盘来观测，具体观测方法如下：在背阳光处，把直径为30cm的白色圆盘(透明度盘)垂直放入水中，直到刚刚看不见为止；然后，再把透明度盘提到隐约可见时，读取绳索在水面的刻度值，重复2～3次，取其平均值，即为观测到的透明度值。用这种方法观测的透明度是白色透明板的反射、散射和透明度板以上水柱及周围海水的散射光相平衡时的结果，所以用透明度板观测到的透明度是相对透明度。

水色用水色标准液进行观测，具体观测方法如下：观测透明度后，将透明度盘提到透明度值一半的位置，根据海水在透明度盘上所呈现的颜色，在水色计中找出与之最相似的色级号码，该色级号码对应的颜色即为水色。

4)海水温度和盐度的观测

海水温度和盐度采用CTD仪观测(图3-1-8)。CTD的测量内容具体如下。

深度：压力传感器(Pressure Transducer)。测量压力数据，根据数学关系转化成水深数据。

盐度：T-C传感器(T-C Sensors)的电导率传感器。测量海水电导率。根据电导盐度原理进行测量，并根据电导盐度公式计算出海水盐度。

温度：T-C传感器(T-C Sensors)的热敏电阻。利用热敏电阻的温度相应进行温度测量。

此外还可能有相应的传感器来测量溶解氧、pH值等。

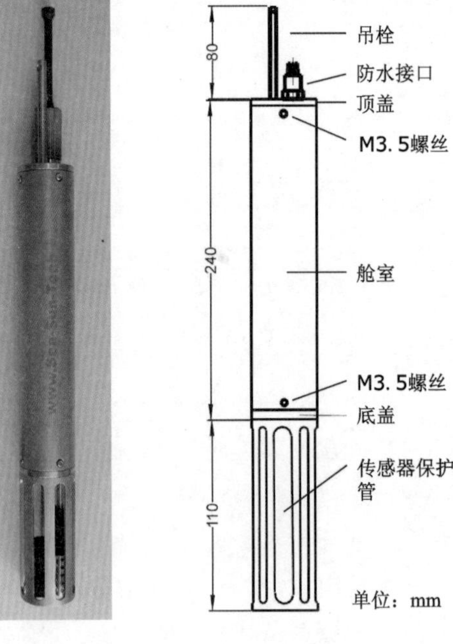

图3-1-8 CTD48M仪

3. 简单的海洋气象观测方法

1)海面能见度观测

能见度是指视力正常的人在当时条件下，能够从天空背景中看到和辨认出目标物的形体和轮廓的最大水平距离，夜间则是能看到和确定出一定强度灯光的最大水平距离，只观测有效能见度。海面有效能见度是指视力正常的人在当时条件下所能见到的海面一半以上视野范围内的最大水平距离，以千米(km)为单位，取一位小数，第二位小数舍去，不足 0.1 记“0.0”。能见度测点必须选在海面视野开阔的地方。为便于海面能见度低观测，可将所能见到的目标物制成分布图。

事先测定测点所濒海面各目标物(岛屿、礁石、海角、灯标等)的距离，根据“能见”的最远目标物和“不能见”的最近目标物，判定当时的“能见”距离。如观测到某一目标物刚好“能见”，而再远一些的目标物就“不能见”时，则刚好“能见”的目标物的距离就是能见距离。如目标物轮廓清晰，但没有更远的或看不到更远的目标物时，可参考下述几点酌情判定：①目标物的颜色、细致部分清晰可见时，能见度通常可定为该目标物距离的 5 倍以上；②目标物的颜色、细致部分隐约可辨时，能见度可定为该目标物距离的 2.5～5 倍；③目标物的颜色、细致部分很难分辨时，能见度可定为大于该目标物的距离，但不应超过 2.5 倍。

运用这几点时，应考虑到目标物的大小、背景颜色以及当时的光照情况，并注意判定距离绝不能大于该方向“最近”目标物距离。当测点所濒海面范围内物目标物很少时，可根据海天交界线的清晰程度来判定能见度。观测时，根据观测者的眼高参照表 3-1-4 进行判定。

表 3-1-4　海面能见度参照表

海天交界线清晰程度	海面能见度(km)	
	眼高出海面小于(或等于)7m	眼高出海面大于 7m
十分清楚	>50.0	
清楚	20.0～50.0	>50.0
勉强可以看清	10.0～20.0	20.0～50.0
隐约可辨	4.0～10.0	10.0～20.0
完全看不清	<4.0	<10.0

2)海面风的观测

风的观测是指观测一段时间内风向、风速的平均值。风向指风的来向，单位为度。风速指单位时间内风行进的距离，单位为 m/s。风的观测应选择在空旷的海面上进行，仪器安装高度以距离海面 10m 为宜。

4. 砂质海岸的特点及海滩剖面的测量

1)砂质海岸的特点

砂质海岸的岸线通常较平直，海岸组成物质以松散的沙为主。岸滩较窄，坡度较陡，常伴有沿岸沙坝、水下沙坝、连岛沙坝、沙嘴等。在波浪作用下，沿岸输沙以推移输运为主。

2)海滩剖面的测量

海滩剖面的测量宜选择在大潮的低潮位时进行观测，因为此时出露的海滩较宽，可以观测到较完整的海滩剖面。海滩剖面测量的起点最好选择在大潮水边线一侧，测量的终点建议选择为海岸线。

为了测量海滩剖面的形态，需要测量两个参数：海滩宽度及高程。海滩的宽度用测绳或测尺进行测量，海滩的高程用水准仪进行测量。在测量时要根据海滩地形坡度的变化对海滩进行分段，并分段测量海滩的宽度及高程。

3)海岸带的划分

在垂直于岸线的海岸横剖面上，海岸由以下部分组成(图 3-1-9)。

海滩/海滨(Shore)：从低潮线向上直至地形上显著变化的地方(如海崖、沙丘等)，包括后滩和前滩。

滩肩(Berm)：海滩上缘近乎水平的部分，其为常浪情况波浪作用下形成的粗颗粒泥沙的堆积体。

后滨(Backshore)：由海崖、沙丘向海延伸到前滩的后缘。

前滨(Foreshore)：滩肩顶至低潮线之间的滩地。

外滨(Inshore)：低潮线到破波点之间的滩地。

离岸区(Offshore)：破波带外侧延伸到大陆架边缘的区域。

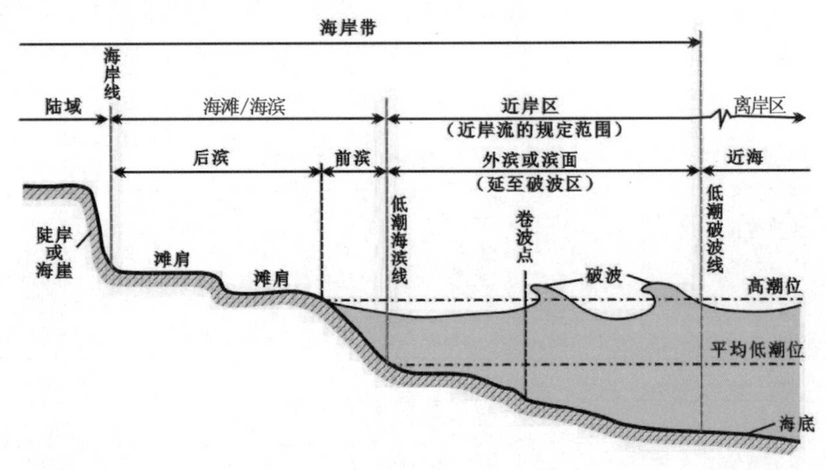

图 3-1-9 海岸带横断面图

第二节 新河三角洲及湿地系统

路线：基地→新河河口→基地。

任务：

(1)了解北戴河实习区交通及人文、自然地理概况，利用罗盘定点。

(2)观察基岩海岸波浪运动、海蚀作用及其地貌。

(3)观察基岩海岸沉积物和海洋生物。

(4)观察新河河口三角洲和湿地系统。

学生准备工作：

(1)预习地形图和罗盘的基本常识，准备必要的野外实习用品。

(2)预习波浪、潮汐对海岸和河口的地质作用过程。

(3)预习河流入海口沉积和生物特点。

NO.1

位置:新河河口(图 3-2-1)。

意义:河流入海口三角洲系统和湿地生态系统观察点。

观察内容:

(1)河口地貌。

(2)河口三角洲和海岸沉积。

(3)生物特征。

图 3-2-1 新河河口卫星影像图

教学过程及内容要点:

1. 新河河口地貌特征

新河河口地形是一个三角洲,平面上呈三角洲形态,地形坡度小,顶端指向上游,向外呈三角洲展开。河道在其中蜿蜒入海,向海逐渐变窄、分叉(图 3-2-2)。

图 3-2-2 新河河口(王龙樟摄于 2012 年)

沉积物表面分布有不规则的沙脊和水坑,长轴延伸方向与波浪前进方向大致垂直,与海岸线平行(图 3-2-3)。

图 3-2-3 沉积物表面的沙脊和水道(王龙樟摄于 2012 年)

涨潮时整个三角洲被海水淹没,退潮时大部分露出水面。三角洲的前缘较平直,水道部位略向陆地方向凹,表明河流的泥沙输入量小,可能与新河河口水坝的修筑有关。

新河河口及周缘地势平坦,淡水与海水交汇混合频繁,是典型的湿地生态系统。植被覆盖率较高,鸟类较为聚集。

2. 新河河口沉积物特征

新河河口沉积物以细砂、粉砂、黏土(淤泥)和细小生物贝壳碎片为主,结构疏松,沉积物含较多的有机质,并显示水平层理。

沉积物表面发育各种波痕:对称波痕、不对称波痕、平顶波痕、槽状波痕、双痕波痕和干涉波痕,分别反映出不同的水动力环境(图 3-2-4)。

海洋生物丰富,退潮时有大量的附近居民和游客云集拾贝。生物大多以沙穴寄居而生,与小东山生物面貌完全不同。常见的海洋生物种类有:凹线蛤蜊(杂色蛤蜊)、扁玉螺(猫眼)、竹蛏、毛蚶、螺、滩栖螺、沙蚕、樱蛤、渤海鸭嘴哈、圆球骨窗蟹、导米蟹、宽身大眼蟹(图 3-2-5)。

湿地之上鸟类丰富,可见池鹭、黄斑苇鹤、环颈鹃、戴胜、金腰燕、黑尾蜡嘴雀和黑枕黄鹂等。

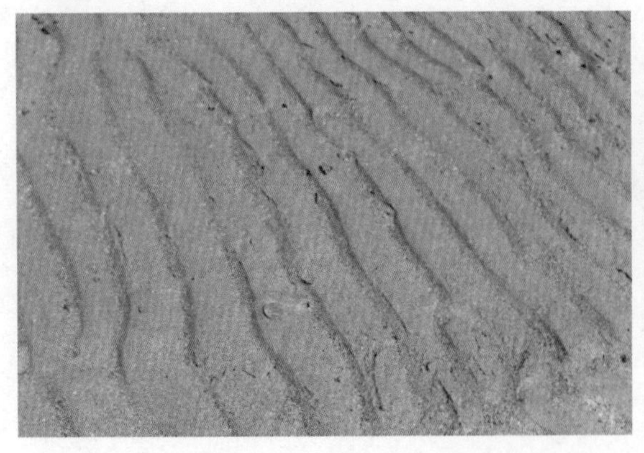

图 3-2-4 沉积物表面的波痕(王龙樟摄于 2012 年)

图 3-2-5 生物排泄的粪球(王龙樟摄于 2012 年)

第三节　新开河河口

路线:基地→新开河河口→基地。

任务:

(1)测量分析河口区水动力。

(2)观察海岸侵蚀现象。

(3)观察海岸工程建筑物。

学生准备工作:

(1)准备必要的野外实习用品。

(2)预习河口区水动力。

(3)预习海岸侵蚀和海岸工程。

位置:新开河大桥(图 3-3-1)。

意义:河口区水动力情况的测量和分析观察点。

观察内容:

(1)河口区水体流速的测量。

(2)河口区温度、盐度、深度的测量。

图 3-3-1　新开河河口卫星影像图

教学过程及内容要点:

1. 河口水体流速的测量

本观察点利用安德拉海流计(RCM9LW)测量水体流速(图 3-3-2),主要测量河口不同位置和水层的流向和流速。

适用水深：<300m。

重量：4.5kg。

高：59.5cm。

外径：12.8cm。

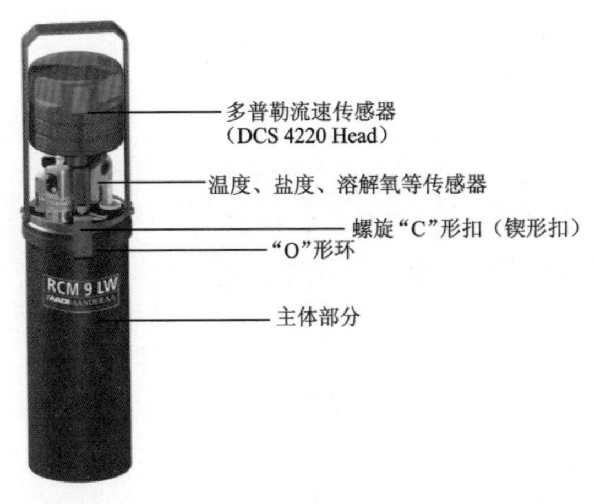

图 3-3-2 安德拉海流计(RCM9LW)结构示意图

测量前先设置好相关参数，比如测量时间间隔，即多长时间测一组数据，然后根据水深的大小确定用三点法或六点法测量流速。当水深较小时，用三点法测量流速，即在海表、1/2 水深和海底处各测量一次流速；当水深较大时，用六点法测量流速，即在海表、1/5 水深、2/5 水深、3/5 水深、4/5 水深和海底各测量一次流速，然后把数据导出来，分析流速在垂向上的分布特征并计算垂线平均流速。

2. 河口水体温度、盐度和水深的测量

采用 CTD 仪测量，主要测量河口不同位置和水层的温度、盐度和距海面距离。测量方法同海流计类似，在不同层位测量，然后导出数据并进行分析。

位置：渔人码头海滩(图 3-3-3)。

意义：沙滩和海岸侵蚀现象观察点。

观察内容：

(1)砂质海岸的测量。

(2)海岸侵蚀现象的观察。

教学过程及内容要点：

1. 砂质海岸的测量

砂质海岸测量方法具体内容见第三章第四节介绍。

2. 海岸侵蚀现象的观察

本观察点主要观察海岸侵蚀的现象，并对现象进行描述，讨论引起海岸侵蚀的原因。

图 3-3-3 海岸侵蚀现象(刘秀娟摄于 2012 年)

位置：新开河河口导堤(图 3-3-4)。

意义：海岸工程建筑物观察点。

观察内容：海岸工程建筑物，分析其用途。

教学过程及内容要点：

本观察点为认识和了解河口导堤、海事灯塔、浮标和货运码头的用途(图 3-3-5)。

河口导堤是建在河口拦门沙区航道一侧或两侧的堤工，用来束导水流、冲刷泥沙、增加或保持进港航道水深。导堤可用单道、双道，甚至多道，如中国黄浦江吴淞口采用了双道导堤。导堤的布置与潮流、沿岸流、风向、泥沙来源和方向有关。

灯塔是高塔形建筑物，在塔顶装设灯光设备，位置应显要，并注意其应该有特定的建筑造型，易于船舶分辨，同时成为港口最高点之一。由于地球表面为曲面，故塔身须有充分的高度，使灯光能为远距离的航船所察见，一般视距为 15～25 海里(1 海里＝1852m)，但灯光也不宜过高，以免受到高处云雾的遮蔽。根据灯塔大小和所在地点的特点，灯塔可以有人看守，也可以无人看守，但重要灯塔应该有人看守。

浮标指浮于水面的一种航标，是锚定在指定位置，用以标示航道范围、指示浅滩和碍航物或表示专门用途的水面助航标志。浮标在航标中数量最多，应用广泛，设置在难以或不宜设立固定航标之处。浮标的功能是标示航道浅滩或危及航行安全的障碍物。装有灯具的浮标称为灯浮标，在日夜通航水域用于助航。有的浮标还装有雷达应答器、无线电指向标、雾警信号和海洋调查仪器等设备。

码头又称渡头，是一条由岸边伸往水中的长堤，也可能只是一排由岸上伸入水中的楼梯。

货运码头主要用作装卸货物，以用途和使用权分类，可分作公众货运码头、货柜码头、油品码头、矿产码头、内河货运码头和普通货运码头等。

河口导堤的作用通常是为了引导、约束入海水流以加大对河口处海底的冲刷及阻挡沿岸输沙。

图 3-3-4　新开河河口导堤
（刘秀娟摄于 2012 年）

图 3-3-5　河口航道的浮标及对岸的港口码头
（刘秀娟摄于 2012 年）

第四节　金山嘴—老虎石海滩

路线：基地→金山嘴→老虎石公园公路旁→老虎石公园→基地。

任务：

（1）古海蚀地貌及其构造运动意义。

（2）老虎石海蚀地貌、成因及其构造运动意义。

（3）老虎石波浪运动、海洋生物和连岛沙坝成因。

（4）海岸侵蚀和防护工程。

学生准备工作：

（1）准备必要的野外实习用品。

（2）预习基岩海岸波浪运动地质作用过程。

（3）预习构造运动对海蚀地貌的影响。

（4）预习海岸侵蚀和防护原理。

（5）预习节理的定义及应力分析。

位置：金山嘴（图 3-4-1）。

意义：海岸侵蚀与防护观察点。

观察内容：

(1)海岸侵蚀与防护的认识。

(2)有关海岸防护的工程建筑物。

(3)观察海岸防护工程附近的水动力特点。

教学过程及内容要点：

1.岬控工程下的海滩再造

金山嘴位于碧螺塔公园西侧海韵楼附近(图 3-4-1)。岬控工程下的海滩再造过程一般是在了解海域水文特点及潮流泥沙运动规律的情况下，通过建设弧形的长堤、潜堤、隔沙堤等防护和修复设施，在先期人造、后期自然淤积的共同作用下，扩大海滩面积和规模，逐渐形成蜿蜒美丽的自然沙滩。

图 3-4-1　金山嘴和老虎石公园位置图

2.突堤和护岸

观察突堤和护岸，了解它们的形态和作用(图 3-4-2～图 3-4-5)。突堤式码头是指由陆岸向水域中伸出的码头。突堤两侧和端部均可系靠船舶，具有布置紧凑、管理集中的优点。前沿线与自然岸线成较大角度的码头，它的交角一般不小于 45°和不大于 135°，斜交布置时锐角一带岸线较难利用，角度愈小，岸线利用率愈低。由于突堤式码头比顺岸式码头所占用自然岸线少，布置紧凑，故在岸线较短的条件下，宜优先考虑突堤式。为了减少防波堤的长度，采用突堤式码头也较有利，其长度一般以 2～3 个泊位为宜，最长不宜超过 5 个泊位，其宽度根据货种及货物疏运需要和装卸作业方式确定。如货运量较大的件杂货物码头，一般宜用宽突堤；如用管道输送的油码头等，则用窄突堤。在河口区，由于突堤的凸出，破坏了原有的水流流态，易引起淤积，且过多地占用河道宽度，则会影响船舶通航。突堤式码头广泛应用于海港。

护岸是在原有的海岸岸坡上采取人工加固的工程措施，用来防御波浪、水流的侵袭和淘刷及地下水作用，维持岸线稳定。护岸建筑形式与海堤相似，按其外坡形式可分斜坡式护岸、陡墙式护岸(包括直立式)和由两者混合的护岸。斜坡式护岸的护面结构及护面范围与斜坡堤相同，坡顶为陆地面。

3. 观察海岸防护工程附近的水动力特点

了解海岸防护工程附近波浪的绕射、反射情况。绕射是指波浪在传播过程中与建筑物或岛屿、海岬等障碍物相遇后绕过障碍物向被掩护的水域传播、扩散的现象。反射是指波浪与建筑物或其他障碍物相遇时从物体边界上产生反射的现象。在护岸工程附近经常会发生波浪的绕射、反射。

图 3-4-2　金山嘴的突堤(刘秀娟摄于 2012 年)

图 3-4-3　金山嘴袋状海滩(刘秀娟摄于 2012 年)

图 3-4-4　抛石护岸(刘秀娟摄于 2012 年)

图 3-4-5　空心方块体护岸(刘秀娟摄于 2012 年)

位置：老虎石东侧。

意义：古海蚀地貌观察点。

观察内容：

(1)古海蚀地貌类型、规模和分布特征。

(2)古海蚀地貌的构造意义。

(3)花岗岩节理的发育特征。

教学过程及内容要点:

1.古海蚀地貌类型、规模和分布特征

老虎石公园东侧海岸出露大量古海蚀地貌,主要海蚀地貌有古海蚀穴、古海蚀沟、古海蚀凹槽和海蚀阶地,其规模和分布特征描述如下。

1)古海蚀穴

古海蚀穴分布于海岸公路北侧山坡花岗质基岩上,呈蜂窝状产出(图3-4-6)。海蚀穴总体面朝大海,圆形至椭圆形,大小不一,面积从1m×1m至0.1cm×0.1cm。这些海蚀穴的发育高度距现代海平面5～20m,是海岸上升的古地貌记录。

2)古海蚀凹槽

古海蚀凹槽分布于海岸公路北侧的花岗质基岩山坡脚(图3-4-7)。开口面朝向大海,高约1m,深约1.5m,上顶面朝内倾斜,底面向外倾斜。古海蚀凹槽形态与现代海蚀凹槽十分相似,均是由海浪侵蚀基岩形成的。古海蚀凹槽发育高度距现代海平面5～6m,是海岸上升运动的古地貌记录。

图3-4-6　古海蚀穴(杜学斌摄于2014年)

图3-4-7　古海蚀凹槽(杜学斌摄于2014年)

3)古海蚀沟

古海蚀沟分布于海岸公路北侧的花岗质基岩山坡上,成排出现,总体方向指向现今海洋(图3-4-8)。海蚀沟的规模不一,大多在30cm(宽)×20cm(深)。这些海蚀沟发育高度距现代海平面10～12m,是海岸上升的古地貌记录。

4)海蚀阶地

海蚀阶地是早期海蚀地貌受构造运动影响而被抬升到一定高度后形成的相对平坦的平面。多次构造运动可形成多级海蚀阶地,最先形成的海蚀阶地位于最高位置。

老虎石公园东侧花岗质基岩山坡上分布着不同高度的古海蚀穴、古海蚀沟、古海蚀凹槽和古海蚀崖,其中在古海蚀崖下部,其高度大致相当于古海蚀凹槽发育位置上,发育一个略向海洋倾斜的基岩平台,大多已被改造成沿海公路路面,宽度15～20m,高度距现代海平面3～5m,是北戴河地区新构造地壳上升运动的地貌记录。

图 3-4-8 古海蚀沟(杜学斌摄于 2014 年)

老虎石公园东侧沿岸花岗质基岩上也发育典型的海蚀柱和海蚀沟。其中海蚀沟发育方向与区域节理方向密切相关,呈网格状分布。

2. 古海蚀地貌的构造意义

老虎石公园东侧花岗质基岩中发育的一系列古海蚀地貌是北戴河海滨地区现代和新构造运动的重要标志。高出现代海平面约 5m 的古海蚀凹槽和海蚀阶地是北戴河地区的一个重要构造面,它与沿岸公路路面高度、老虎石礁顶高度、小东山一带小礁石高度和鸽子窝一级海蚀凹槽高度相当,是整个北戴河地区最近一次地壳上升运动的重要地质记录。高出现代海平面 10~12m 的古海蚀沟和相当高度的海蚀穴是研究区另一个重要的地质上升运动的地质记录,它与小东山一带大礁石高度和鸽子窝二级海蚀凹槽高度相当。

高出现代海平面约 20m 的古海蚀穴可能是北戴河海滨区较高位置的地壳上升运动记录。它与小东山一带的古海蚀阶地、鸽子窝三级海蚀凹槽和鹰角亭基底高度相当,是研究区现代和新构造运动的Ⅲ级标志。

上述不同高度的古海蚀地貌及其所反映的 3 次现代和新构造运动的意义,与实习区北部石门寨地区发育的 3 个不同高度河流阶地所反映的构造意义吻合,基本代表了整个实习区现代和新构造运动的期次。

3. 花岗岩节理发育特征

节理是岩体受力断裂后两侧岩块没有显著位移的小型断裂构造,是地壳上部岩石中广泛发育的一种构造地质现象[10]。通常,节理受风化作用后易于识别,在石灰岩地区节理和水溶作用形成喀斯特地貌，即岩溶地貌。按节理的成因，节理包括原生节理和次生节理两大类。

原生节理是指成岩过程中形成的节理。例如沉积岩中的泥裂，熔岩冷凝收缩形成的柱状节理，岩浆入侵过程中由于流动作用及冷凝收缩产生的各种原生节理等。

次生节理是指岩石成岩后形成的节理，包括非构造节理和构造节理。非构造节理是指由外力地质作用形成的节理，包括风化、山崩、地滑、岩溶塌陷、冰川活动及人工爆破等所形成的节理，它们也是自然界普遍存在的现象，但分布范围要比构造节理局限得多。构造节理指由地壳运动所产生的构造应力作用形成的节理，是所有节理中最常见的，它根据力学性质又可分两类：张节理和剪节理。前者即岩石受张应力形成的裂隙，后者即岩石受切应力形成的裂隙。沿最大切应力方向发育的细而密集的剪节理，称为劈理。

剪节理是由剪应力作用而产生的破裂面，其主要发育特征有：

(1)剪节理产状较稳定，平面上沿走向和倾向延伸较远，剖面上切割较深。

(2)剪节理的剪切面较平直、光滑，有时在剪切面上有因剪切滑动产生的擦痕。

(3)剪节理裂缝窄而闭合，若被其他矿脉充填，矿脉显示宽度均匀，脉壁平整。

(4)剪节理一般切割力较强，发育于砾岩和砂岩中的剪节理，一般都会穿切砾石等粒状物体。

(5)典型的剪节理往往由两组不同走向的剪节理构成共轭"X"型节理系，这种节理系发育较好时，会将岩石切割成菱形或棋盘格状。如果一组方向的节理发育而另一组方向的节理不发育，则形成一组平行延伸的节理，并将岩石切割成板状。

(6)主剪切面常伴有羽状微裂面。羽状微裂面与主剪切面交角一般为10°～15°。微裂面与主剪切面相交的锐夹角方向指示本侧岩块的剪切方向。

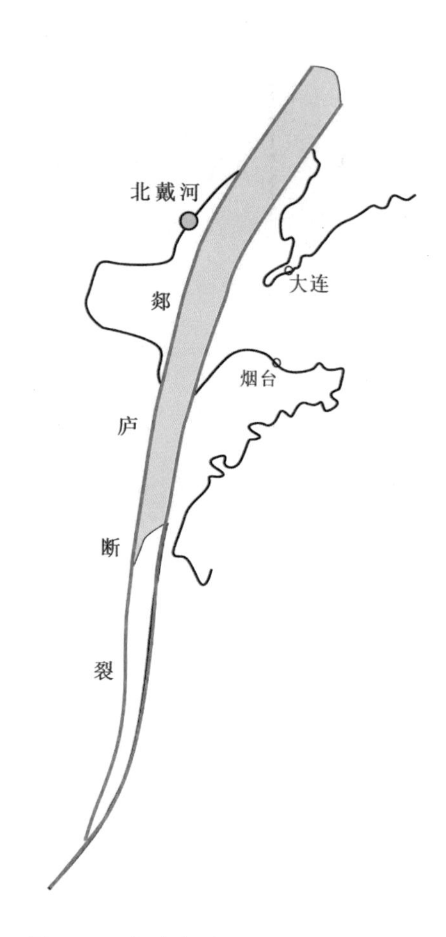

图 3-4-9　郯庐断裂及实习区位置示意图

北戴河实习区位于我国东部郯庐走滑大断裂的西侧(图 3-4-9)，受郯庐断裂走滑活动的影响，区内岩石剪节理发育，其中在老虎石公园东侧海岸(图 3-4-10)、老虎石公园内(图 3-4-11)花岗岩节理发育尤为典型，且这里的节理多表现为"X"型的共轭剪节理。实习中注意观察节理的发育特征、节理对海蚀地貌的影响和控制作用，另外对测量节理的走向并进行应力分析。

图 3-4-10 老虎石公园东侧海岸发育花岗岩节理（李祥权摄于 2017 年）

位置：老虎石公园。

意义：海蚀地貌、连岛沙坝、波浪运动和海洋生物观察点。

观察内容：

（1）老虎石沿岸波浪运动、海洋生物。

（2）老虎石海蚀地貌、成因及构造意义。

（3）连岛沙坝成因及物质组成。

（4）花岗岩节理发育特征。

教学过程及内容要点：

1. 老虎石沿岸波浪运动和海洋生物

老虎石是由一堆残余海蚀岩礁组成的小岛，传说是当年秦始皇梦游到此，见一只（群）老

图 3-4-11 老虎石公园内发育花岗岩节理(李祥权摄于 2017 年)

虎横卧于此而得名“老虎石”。实际上从地质角度分析,老虎石是一些沿区域节理方向发育的海蚀沟,以及将花岗质基岩切割成一些残余海蚀柱和岩礁所组成的东西向礁石群,虎头置西,虎胸和虎臀置中,虎尾置东。涨潮时整个老虎石与大陆隔离,成为小岛;退潮时老虎石与大陆之间由一个沙坝连接,这一连接老虎石的沙坝被称为连岛沙坝。

老虎石沿岩的波浪具明显拍岸浪性质。从远岸至近岸波形没有逐渐变化特点,但在距老虎石约 1m 时,波高急剧增高,波峰水体明显前倾,强烈拍打在基岩上,浪花四溅,颇为壮观(图 3-4-12)。

图 3-4-12 老虎石礁石上拍岸浪(王家生摄于 2003 年)

老虎石基岩上生长着多种海洋生物，自高潮线往下分别有藤壶、短滨螺、黑偏顶蛤、笠贝、牡蛎、荔枝螺、海白菜和红藻等，与小东山一带基岩海岸的海洋生物类似。老虎石背后的连岛沙坝上有虫昌螺、滩栖螺、巢沙蚕和竹蛏等，与山东堡和南戴河一带的砂质海岸海洋生物类似(图 3-4-13)。

海蜇　　海蟑螂

藤壶和短滨螺　　绿藻和鹿角菜

图 3-4-13　老虎石公园的主要基岩生物(杜学斌摄于 2014 年)

2. 老虎石海蚀地貌、成因及构造意义

老虎石基岩成分与金山嘴、小东山和鹰角亭一带的海岸基石基本相同，是一套主要由石英和长石组成的花岗质岩石，伟晶岩脉频繁插入其中，局部可见由角闪石等矿物组成的暗色包体。海蚀地貌的发育常常与岩石中成分不均一的界面和断裂构造有关。主要海蚀地貌有海蚀沟、海蚀柱、海蚀凹槽、海蚀穴和海蚀坑等。

此外，老虎石礁顶高度与沿岸散布的礁石顶部构成了一个大致向海洋倾斜的平面，最高潮海水也淹没不了这一平面，说明老虎石一带的海岸存在地壳上升(或海平面下降)运动。上述平面是一个古波切台面，其高度相当于沿岸公路路基和老虎石东侧花岗质基岩山坡上发育的古海蚀凹槽底部高度，代表了北戴河一带最近一期的地壳运动记录。

3. 连岛沙坝成因及物质组成

连岛沙坝的形成与老虎石有关。老虎石一带的海岸走向总体呈东西向，由南向北前进的波痕受到了老虎石的阻挡，大量波浪能量消耗在老虎石上，在其背后形成波能相对较弱的波影区，沉积了一些砂质沉积物，构成长条状坝状地形。老虎石东、西两侧的波能衍射，使得这些砂质沉积物中部宽度变窄，沙坝外形呈中间窄、两头宽的颈状外形。连岛沙坝总长度约100m，宽度不等，最低潮时出露宽度10余米，涨潮时被海水全部淹没(图3-4-14)。

图3-4-14　老虎石公园连岛沙坝(杜学斌摄于2016年)

连岛沙坝主要由细砂组成。细沙呈浅黄色，分选和磨圆均较好，矿物成分主要是石英，其次有长石和云母，夹有数量不等的生物壳体和藻类碎片。细沙物源基本来自就地花岗质基岩，长石类矿物磨圆度较差(图3-4-15)。

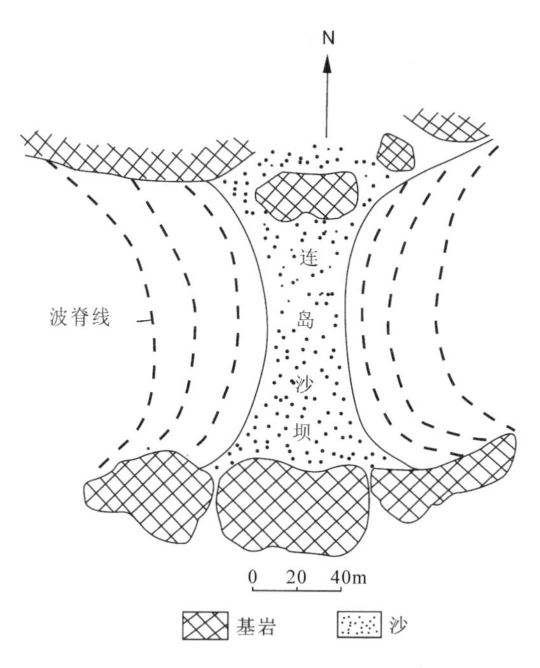

图3-4-15　北戴河老虎石连岛沙坝平面示意图

4. 花岗岩结理发育特征

具体内容见本节“NO. 2”老虎石东侧实习点“3. 花岗岩结理发育特征”。

第五节　燕山大学北风化壳—山东堡海滩

路线：基地→燕山大学北山坡→山东堡海滩→狼牙桥下→基地。

任务：

(1)观测风化壳剖面的风化现象。

(2)观察砂质海岸潮汐、波浪运动和海岸地形。

(3)观察砂质海岸沉积物特征、沉积构造和生物类型。

学生准备工作：

(1)预习风化作用，以及海洋的侵蚀、搬运和沉积作用。

(2)预习岩浆和变质作用及花岗岩。

(3)携带测量尺、2 个直径 0.1mm 左右的彩球和碎片以及塑料袋。

位置：燕山大学北山坡。

意义：风化壳剖面。

观察内容：

(1)观察岩石的风化现象。

(2)根据风化程度较低的岩石特征，判断风化壳剖面的基岩类型。

(3)观测、描述风化壳剖面的分带性，并画素描图。

(4)分析讨论风化壳-土壤类型及其气候意义。

教学过程及内容要点：

1. 风化壳概述

风化壳：是指地表或近地表基岩经过长期风化后，残留于原地的薄壳状松散堆积物。风化壳是物理、化学和生物风化作用的综合产物，其分布、厚度和性质受基岩成分、结构、构造、裂隙、气候、植被、水文和地形等因素的影响。由于风化作用的强度由地表向下逐渐减弱和影响风化壳因素具有水平分带性，因此风化壳具有垂直和水平分带的特征[17—19]。

在垂直方向上，发育和保存完好的风化壳通常自上而下可分为土壤层、残积层和半风化层(图 3-5-1、图 3-5-2)。

土壤层：主要由黏土矿物和腐殖质构成，是残积物经生物风化作用强烈改造的产物，通常含大量的植物根系，呈灰色—灰黑色，厚度为 20～200cm，形成时间为 200～500 年，而风化壳的形成时间通常长达数百年，甚至数千万年、数亿年。

残积层：主要由基岩风化形成的黏土矿物和其他风化产物组成，但不含腐殖质，无层理。残积层风化比较彻底，最能反映基岩风化时的气候条件，是物理风化和化学风化的产物。

图 3-5-1　北戴河燕山大学北山坡风化壳剖面(杜学斌摄于 2016 年)

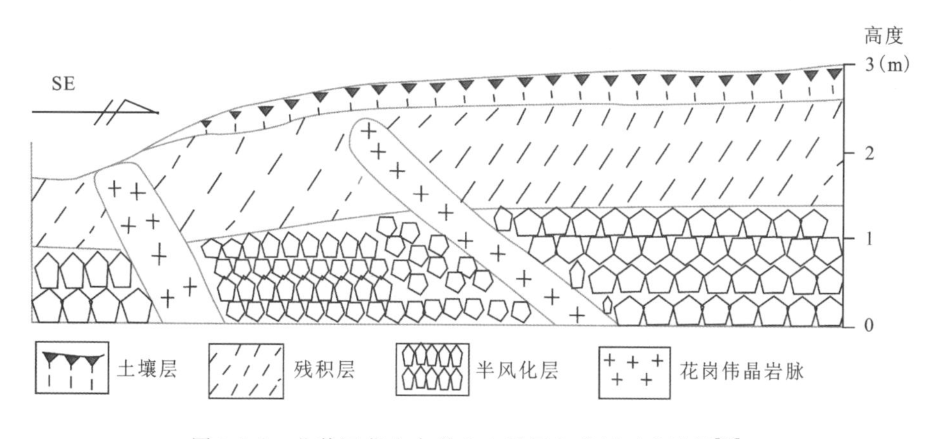

图 3-5-2　北戴河燕山大学北山坡风化壳剖面素描图[18]

半风化层：半风化层岩石仅发生微弱的风化，以物理风化为主，岩石较致密，清楚地保留有原岩的结构和构造。半风化层往下逐渐过渡到基岩。需要指出的是，保存完整的风化壳剖面是少见的，土壤层和残积层很容易遭到侵蚀与破坏，即使在保存完整的风化壳剖面上，土壤层、残积层和半风化层之间的界线通常是逐渐过渡的。

在水平方向上，根据风化条件和风化产物的不同，可区分出 5 种风化类型(表 3-5-1)。气候、植被以及基岩类型是划分风化壳类型的主要因素。

2. 燕山大学北山坡风化壳特征及气候意义

燕山大学北山坡风化壳的基岩为新太古代岩浆型花岗岩。在区域上，该花岗岩呈浅灰色—杂灰色，块状构造，局部片麻状构造，粒状或粒状变晶结构，主要矿物为钾长石、斜长石、石英和云母。花岗岩含大小不一、形态各异的角闪-黑云片麻岩和斜长-角闪岩包体，并被大量的伟晶岩脉穿插。该风化壳自上而下可分为土壤层、残积层和半风化层，此处基岩未出露。

土壤层：位于风化壳的顶部，灰褐色，自上而下颜色变浅，厚 0～40cm。主要成分为黏土矿物、有机质、褐铁矿和少量的石英，以及植物根系和尚未彻底腐烂的植物茎与叶。其土壤类型为褐壤(或棕壤)，具有温带海洋气候的土壤特征。

残积层：位于土壤层之下，红褐色，厚 50～150cm。主要成分为黏土矿物、褐铁矿和残留的石英。该层疏松易碎，属于硅铝-黏土型风化壳，形成于温带潮湿气候环境。北戴河地区目前为温带半干旱气候，表明风化壳形成后北戴河地区的气候逐渐变得干旱。

半风化层：位于风化壳剖面的下部，可见厚度大于 100cm，在半风化层中花岗岩的结构、构造仍然清晰可见，但长石已不同程度地水解成高岭土，多数黑云母已变成蛭石，岩石疏松易碎。燕山大学北山坡风化壳剖面上半风化层未见底。

表 3-5-1 5 种主要的风化壳类型特征表

风化壳类型	风化条件	元素迁移特征	标志元素	标志矿物
岩屑型风化壳	高寒气候，生物作用弱	元素迁移弱，以机械破坏为主		微弱化学变化的碎屑
硅铝-黏土型风化壳	温带潮湿气候，有机酸起积极作用	碱金属元素已析出，Al_2O_3、Fe_2O_3被带到下层，SiO_2在表面堆积	Al、Fe、Si	水云母、高岭土、绿高岭土、铁铝的氢氧化物
硅铝-碳酸盐型风化壳	温带半干旱气候，有机酸起作用	碱金属元素析出，碳酸盐富集，主要是 $CaCO_3$	Ca、Mg、(Na)	方解石、白云石、高岭土、蒙脱石
硅铝-氯化物-硫酸盐型风化壳	干旱气候，生物作用弱	碱金属元素部分析出，形成并堆积氯化物、硫酸盐类矿物	Cl、Na、S、Ca(Mg)	岩盐、硬石膏、芒硝、蒙脱石
砖红土型风化壳	湿热的热带、亚热带气候，有机酸作用强	SiO_2和碱金属已被带走，Al_2O_3、Fe_2O_3堆积	Al、Fe、Si、Mn	铁铝的氢氧化物、SiO_2(蛋白石)、高岭土

在燕山大学北山坡风化壳剖面上，各层间的界线渐变过渡，在水平方向上其厚度有一定的变化。在该剖面上，可见两条花岗伟晶岩脉穿插。花岗伟晶岩脉表现出清楚的伟晶结构和块状构造，矿物未遭受明显的风化。在同一风化壳剖面上，花岗岩与花岗伟晶岩脉表现出如此大的差异风化，主要与花岗伟晶岩脉中暗色矿物稀少、石英长石晶体巨大、花岗伟晶脉较花岗岩形成晚等因素有关。

位置：山东堡海滩。

意义：砂质海岸观察点。

观察内容：

(1)观察砂质海岸波浪、潮汐和沉积物特征以及地形分带。

(2)赤脚下海体验海水的运动、温度、盐度和味道等。

(3)观察波痕层理、气泡沙构造和生物遗迹。

(4)拾贝壳及辨认砂质海岸生物。

(5)以小组为单位做沙粒运动观察实验。

(6)绘制波浪和海岸地形分带剖面图(1∶500～1∶1000)。

教学过程及内容要点：

1. 渤海和北戴河基本情况介绍

渤海是一个典型的内海或陆表海，外有辽东半岛和山东半岛环抱，东以渤海海峡与黄海相通，面积 80 000km^2，水深 50m，盐度为 22‰(正常海水的盐度为 35‰)，由于黄海暖流流经本区使秦皇岛成为我国北方著名的不冻港。渤海中心海区的海水透明度为 5m 左右，近岸海区由于泥沙含量较高，海水的透明度不足 1m。北戴河海区为全日潮(一天 24h 发生一次涨潮和一次落潮)。北戴河海区发育 3 种海岸类型：基岩海岸(如小东山和金山嘴)、砂质海岸(如山东堡)和泥砂质海岸(如新河河口)。山东堡砂质海岸的沉积物主要由中—粗石英砂组成，其次为磁铁矿、白云母和生物碎屑，分选度、磨圆度好。花岗岩为其源岩。

2. 实际操作学习内容

1)海水运动实验和海岸特征观察

扔两个长方形木头块，观察讨论远岸和近岸波浪运动的特征。选择一位男生和一位女生各扔一个长方形木头块，通常男生扔的木头块会到达深水区，而女生扔的木头块会达浅水区。当风不太大时，深水区的木头块在半小时内一般不会明显地向海岸位移；浅水区的木头块在半小时内一般会明显地向海岸位移。

以小组为单位拾贝壳，辨认砂质海岸生物，观察波痕、气泡沙构造和生物遗迹，并下海体验海水的运动、温度、浊度、盐度和味道等。

山东堡砂质海岸生物和沉积构造丰富，主要生物类型有凹线蛤蜊、嗌虫、滩栖螺、扁玉螺、蛤蜊、荔枝螺、毛蚶、贻贝、牡蛎碎片、海星和水母等。主要沉积构造包括各种形态的波痕(不对称波痕、分叉波痕、干涉波痕、寄生波痕)、层理、气泡沙构造和生物遗迹(水平的、垂直的)。

2)沙粒运动实验

以小组为单位观察沉积物并做沙粒运动观察实验。实验方案的设计为：①选择一块坡度、水深适度和进流-退流过程分异明显的滩面；②分工协作，一人示踪一颗粒状碎屑的运动轨迹，并标记；一人记录时间和测量距离；一人计算，即该粒状碎屑在一个完整的进流和退流过程中所经历的时间和位移的距离，譬如一个完整的进流和退流过程所经历的时间与位移的距离为 6s 和 2m，可要求学生分别计算在 1 小时、24 小时、1 年该粒状碎屑所位移的距离。交换分工，每项工作每人轮流做一次。用 3 次观测结果的平均值作为一次实验结果。用同样的方法再示踪一颗片状碎屑。

通常粒状碎屑在 100 万年中位移的距离达数千万千米至数亿千米，片状碎屑在 100 万年中位移的距离达数亿千米至数十亿千米。粒状碎屑在进流和退流过程中以滚动搬运为主，腐蚀较强烈；片状碎屑在进流和退流过程中以跳跃与悬浮搬运为主，磨蚀较弱。

3)绘制波浪和海岸地形分带剖面图

以 1∶500 的比例尺，将自己观察到的波浪和海岸地形分带综合表示在一幅图上。

位置:狼牙桥下。

意义:小型沉积构造观察点。

观察内容:

(1)观察小型河流入海过程中形成的各种沉积现象。

(2)与其他地区观察到的入海沉积现象进行对比。

教学过程及内容要点:

在本观察点主要认识小型河流在入海过程中形成的各种小型沉积现象(图 3-5-3)。比如强烈的潮汐改造现象(图 3-5-4)、凹岸侵蚀和凸岸堆积(图 3-5-5)、小型水下沙包(图 3-5-6)、近水平层理(图 3-5-7),整体上反映了河流能量小、携沙能力弱的特点。

图 3-5-3 狼牙桥下的小河形貌(杜学斌摄于 2017 年)

图 3-5-4 狼牙桥下的小河入海区,潮汐改造强烈(杜学斌摄于 2017 年)

图 3-5-5 凹岸侵蚀和凸岸堆积(杜学斌摄于 2017 年)

图 3-5-6 小型水下沙包,反映水流方向(杜学斌摄于 2017 年)

图 3-5-7 近水平层理,反映水流定向且缓慢(杜学斌摄于 2017 年)

第六节　石门寨—沙锅店

路线:基地→沙锅店→亮甲山→基地。

任务:

(1)观察石灰岩的岩性特征,并描述。

(2)寻找石灰岩的层理、层面,并练习罗盘的用法,在不同地点测量多个岩层产状,学会区分岩层面与节理面。

(3)观察石灰岩的岩溶地形:溶沟、石芽、落水洞、溶洞等,测量其规模、方向,进行形态描述,并说明岩溶形成原因。

(4)寻找、观察石灰岩中的古生物化石。

(5)观察浅成侵入岩(岩墙、岩床),描述其岩性(颜色、成分、结构、构造等)、规模、产状。

学生准备工作:

(1)预习岩溶地貌、古生物化石、岩性描述内容。

(2)预习罗盘使用方法。

(3)自带罗盘、放大镜、铁锤、野簿、铅笔、橡皮等必要的学习用品。

(4)每一个小组带一小瓶盐酸,以鉴定灰岩。

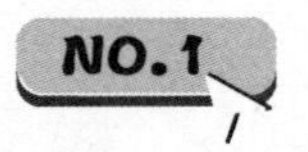

位置:沙锅店村 300m 山脚下采石场北部。

意义:

(1)认识灰岩岩性并掌握石灰岩描述方法。

(2)认识岩层层理与节理及其区别,学会用罗盘测量岩层产状。

观察内容:

(1)石灰岩的岩性,石灰岩中的层理面与节理面。

(2)石灰岩中的特殊夹层、结核、生物化石。

(3)岩溶地貌的观察和描述。

(4)花岗斑岩岩墙的观察和描述。

教学过程及内容要点:

一、石灰岩教学内容

1. 石灰岩的认识

石灰岩为海相或湖相沉积物,本观察点岩石为奥陶纪海相沉积物。由于本地石灰岩中有竹叶状灰岩和黄色的微细水平层理,说明该石灰岩是泥质成分较高的沉积岩,可推断当时的沉积环境为浅海相。岩石中含有海百合、蛇卷螺等古生物化石。通常古生物化石是指1万年以前的古生物遗体或遗迹,遗体化石是指石化后的古生物骨骼或贝壳,遗迹化石是指石化后的古生物活动遗迹(排泄物、足迹、爬迹等)。本观察点灰岩中可见海百合茎、珊瑚、蛇卷螺遗体化石及蠕虫遗迹化石(图 3-6-1)。

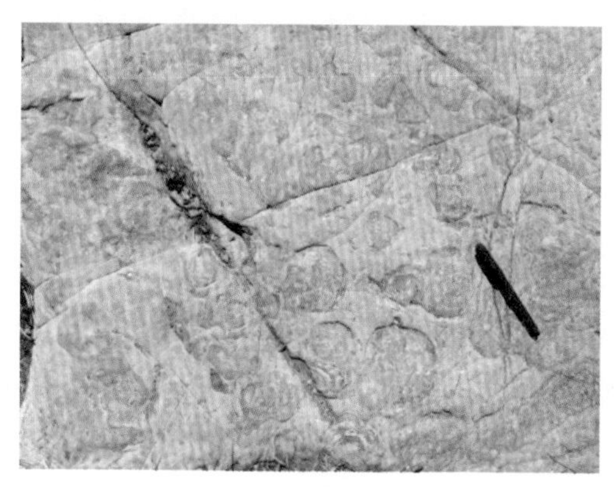

图 3-6-1　生物活动踪迹(杜学斌摄于 2014 年)

岩石上滴少许稀盐酸,发生强烈起泡,可证明岩性为灰岩。旁边有一石灰窑,所用原料为本地采石场中的灰岩,用灰岩烧制石灰是灰岩的重要用途之一。另外当地有很多水泥生产地,也用灰岩作为水泥的主要原料。因此,灰岩是一种非常重要的非金属矿产,与人们日常生产、生活密切相关。它也是岩溶现象的主要物质基础。实习点岩溶地形、桂林山水、云南石林等都是石灰岩区的岩溶景观。

2. 石灰岩的岩性描述

岩性描述是学生必须掌握的主要内容,岩性描述应从以下几方面进行:①颜色;②结构(颗粒大小及排列方式);③构造,有无层理,有层理时的岩层厚度;④矿物成分及其百分含量;⑤特殊标志。

本观察点石灰岩的岩性可描述为:灰色,微晶—隐晶质结构,中厚层—厚层状,单层厚度为 0.3～1m,块状结构,局部见压溶作用形成的锯齿状缝合线构造;滴盐酸强烈起泡,说明主要矿物成分为方解石;并夹有土黄色泥质微细层理,偶见浅土黄色泥灰质—灰泥质内碎屑,大小约 3cm×8cm,因泥质含量不同,抗风化能力也不同,造成灰岩表面竹叶状突起、充填物凹下的差异风化现象,偶尔可见海百合茎、蛇卷螺化石(图 3-6-2)。

图 3-6-2　灰岩沉积中内碎屑(杜学斌摄于 2014 年)

3.观察层理构造

沉积岩的主要特性是:具层理构造,它是由沉积物的成分、颜色、结构等在垂直沉积物层面方向上不同所形成的一种层状构造。层理的类型很多,主要有水平层理、斜层理、波状层理。

本观察点的层理构造主要为水平层理,发育于泥灰岩中,由岩石中矿物成分和颜色的不同所形成的层状构造为静水环境下沉积的标志;并偶见小型斜层理,发育在厚层粒晶灰岩中,它代表潮水作用下的流水沉积。

4.层面位置的判断并测量岩层的产状

在测量岩层产生之前,首先必须判断岩层的层面位置,许多学生往往认为层面就是沉积岩上的光滑平面,忽略了成岩作用后因构造运动所形成的光滑节理面的存在,把节理面当成岩层面,从而导致岩层产状测量的错误。另外,当岩层局部出露或表面风化,无光滑面存在时,则无从下手。因此,判断岩层层面的位置是测量岩层产状的先决条件。

如层面出露不完整或不平,可将记录本放在与层面平行的位置,通过测量记录本的产状间接得到层面产状,若底面出露完好也可测量岩层的底面的产状,但应注意读罗盘指针的方向正好和读顶面产状的方向相反。

二、岩溶地貌教学内容

1.岩溶地貌特征

沙锅店地区岩溶地貌包括:溶沟、石芽、落水洞和溶洞等。岩溶作用是指地表水与地下水通过溶蚀岩石而使岩石遭受破坏的过程。其结果造成各种岩溶现象,如地下的各种空洞(落水洞、溶洞、溶沟)和地表的石芽、石林、孤山等(图3-6-3)。

溶沟:由地面流水溶解岩石所形成的地表沟状凹槽称为溶沟。沙锅店的溶沟深度从数厘米到2m不等,其方向受节理控制。

石芽:由多组方向不同的溶沟切割后,残留地表而成为突出地表的突起芽状物称石芽。如溶沟进一步加深,石芽高度增大,在合适条件下会进一步形成石林(如云南路南石林,其灰岩岩层近水平,在周围灰岩被溶蚀,石芽逐渐长高过程中,石芽上的岩石不易滑落而形成像树干一样的石林)。

落水洞:是一种垂直或近似垂直的消泄地表水的洞穴。发育在两组呈共轭"X"型节理的交会处。此处落水洞深约3m,底与溶洞相连。

溶洞:是岩溶作用形成的地下岩洞的通称。此处溶洞沿近水平方向发育,长约10m,洞高1.5m。我国南方发育的地下暗河就是巨大的溶洞。目前实习点所见溶洞内没有地下水,常有蛇等动物活动痕迹。

本区震旦纪和古生代石灰岩分布广泛。经长期的水岩相互作用,形成了多种岩溶地貌。受多期构造运动和气温、降水等条件影响,盆地内地表岩溶地貌发育微弱,而地下岩溶地貌较为发育,以溶洞和洞穴堆积地貌为主,主要发育于寒武纪和奥陶纪碳酸盐岩地层中,分布于盆地内的程庄、黄土营、东部落、沙河寨、沙锅店、潮水峪、石门寨、北林子、柳观峪、山羊寨等地。其中,沿大石河凹岸最为集中,溶洞数量多,但规模较小,在海拔170~200m,则分布有一些规模较大的溶洞。溶洞形态以裂隙状、竖井状、袋状、管道状为主，少数为厅堂状、水平状和阶梯状。溶洞现大多数被中洞穴堆积物所充填，大多数洞穴及其堆积物没有较大的石笋、石钟乳等次生化学沉积物。盆地内发育较好的地表岩溶地貌主要分布在沙锅店和东部落一带，其中以沙锅店的地表岩溶地貌最为典型。在沙锅店东原采石场东北侧 300m^2 左右的山坡上，发育了本区最为典型的地表岩溶地貌，以石芽和溶沟为主，并有小型的溶蚀洞穴和落水洞存在。石芽高者可达 1.5m 左右，从东北侧坡下望去，林立的石芽如雨后春笋，挺立于地表，为北方地区所罕见。石芽间的凹槽或溶沟深浅不一，较深的溶沟可达 3m 左右，沟中大都有第四纪冲积黏土或岩溶堆积物。

图 3-6-3　沙锅店岩溶地貌（杜学斌摄于 2014 年）

2. 岩溶地貌成因分析

常见的可溶性岩石包括石灰岩、白云岩、石膏、盐类岩石等。如岩石节理发育，透水性好，则易形成岩溶地貌，石灰岩地区的岩溶作用最强烈。岩溶地貌是由岩溶作用形成的，岩溶作用必须具备以下条件才能进行：①有可溶性岩石存在；②地下水有溶蚀能力。地下水中含较多的 CO_2，会形成弱酸而溶解岩石，地下水中 CO_2 含量越高，其溶解性越强。水在地下的流动性越大，越容易将溶解的岩石带走，从而增加岩溶的速度。

3. 岩溶的实际意义

岩溶旅游资源：岩溶绝大部分发生在石灰岩地区，我国石灰岩分布面积广泛，全国各地都有分布，南方和北方均有巨大的溶洞、石钟乳、石笋等岩溶景观，如北京周口店上房山云水洞、浙江金华双龙洞、湖北宜昌三游洞、广西桂林山水、云南路南石林等大型旅游资源。

岩溶与工程建设：首先，岩溶与水利工程建设密切相关。在江河上修建水库、水电站时如位于灰岩区，在地下往往有地表看不见的岩溶产物，如大小不等的溶洞、暗河很易使水库渗漏，甚至形成干库。如北京密云的银冶岭水库就是由于库底有连通的溶洞而使库水干涸。举世闻名的三峡大坝和葛洲坝都避开了长江三峡灰岩分布区，而分别建在花岗岩、砾岩和砂岩等不透水岩土层地区。其次，岩溶区的落水洞、溶洞、溶沟等常可导致地基塌陷，使建筑物遭受破坏。如武昌的陆家街地下岩溶发育，地表渗水使地下溶洞中的充填物被冲走，溶洞顶塌陷到地表，使大片房屋倒塌变成危房，此类事件已发生多次。因此，在进行工程建设前，一定要利用地质、物探、钻探等多种手段查明岩溶区隐伏溶洞的发育特征和分布规律。

岩溶水和岩溶矿产的利用：在岩溶区，地表径流少，但地下水资源丰富，如山西的神头岩溶泉水流量达 5m^3/s，是永定河的源头，也是大型神头火力发电厂的主要供水源。太行山前有多处大型岩溶水泉群，是重要的水源地，如河北邢台百泉。华北油田地下古溶洞中含有丰富的地下石油。南方的岩溶水更为丰富。

三、东山梁浅成侵入岩岩墙的特点及成分识别、岩性定名

侵入体以垂直或近垂直方向向上部岩体侵入，顶层围岩风化剥蚀后，侵入岩体暴露地表，由于岩体时代较围岩新和抵抗化学风化能力比灰岩强而矗立地表，形成像一堵直立的墙体，其长度远大于其宽度，此侵入岩岩体称为岩墙。

本岩墙出露宽度7～9m，延伸方向为140°或320°。可见岩体侵入边界，边缘带见暗色矿物及斑晶形成的流面构造。由于流面构造与接触面平行，流面产状(50°∠80°)即为岩墙产状，与围岩产状(285°∠20°)不协调，因此为不协调侵入体。

岩墙岩石为浅肉红色，斑状结构，块状构造；斑晶为钾长石和石英，斑晶含量约为百分之几，钾长石斑晶多为自形晶，粒径以几厘米为主，石英斑晶为他形晶，粒径以几厘米为主，基质为细—微晶质。岩性为花岗斑岩，侵入时代为燕山期。

该岩体为浅成酸性侵入岩，侵入深度小于3km。

观察岩墙(山梁)东、西两侧岩溶地貌差别很大，东侧很发育，西侧不发育，其原因可从岩溶发育条件入手分析。

①岩石的可溶性程度有差别：山梁西侧观察点处灰岩中泥质成分高，颜色发黄，黄色泥质微细层理发育，故岩石可溶程度较低；而东侧灰岩颜色发灰，灰岩成分较纯，层厚，故岩石可溶性较高。

②水在岩层中滞留时间长短有差别：沙锅店东山梁处奥陶纪灰岩场西侧，层面不连续，是主要的地下水通道。山梁西侧山坡倾向与岩层一致，地下水会沿层面快速流走，而山梁东侧的地下水顺层面流动时受到岩墙阻隔不宜流走，故在岩层中滞留时间较长，造成地下岩石发生溶蚀，故岩溶地貌发育。

四、绘制沙锅店山梁地形地质剖面图

绘制地形地质剖面图是地质工作者的基本功之一，应让学生初步掌握，对地质学习用处很大，要求学生当场绘制。剖面图五要素：图名、比例尺、方位、主图、图例。

绘制本剖面图应注意以下问题：剖面图方位垂直岩墙走向；应注明岩墙东、西两侧灰岩产状；画上岩墙东侧的溶洞、石芽的大致规模和形态(图3-6-4)。

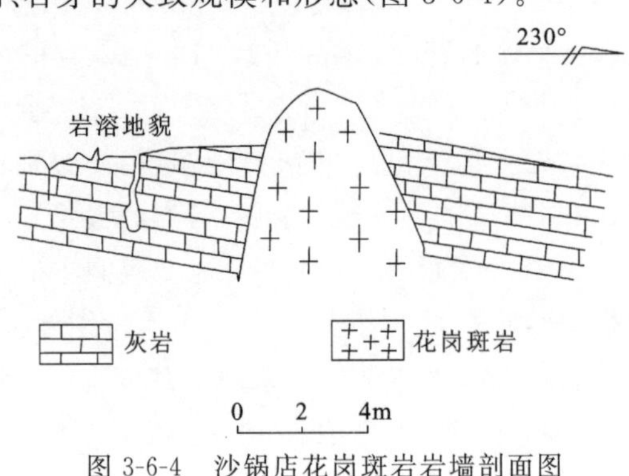

图3-6-4 沙锅店花岗斑岩岩墙剖面图

NO.2

位置:沙锅店村东 20m 小路路堑南坡。

意义:河流阶地剖面沉积物观察与说明。

观察内容:

(1)阶地沉积物的二元结构。

(2)阶地沉积物中漂石、卵石大小、磨圆度及相对含量。

(3)山区河流洪、冲积物特征。

教学过程及内容要点:

1. 河流阶地及其沉积物特征与辨认

河流阶地是沿河两旁分布的条形且又相对平坦的台面的地形,平坦的台面为河流阶地,阶面高出河流洪水位,而阶面高出河流平水位的高度称河拔高度。在阶地系列中常从低阶地往高阶地依次称Ⅰ级阶地、Ⅱ级阶地等。沙锅店村主要位于大石河Ⅰ级阶地上,本处阶地为大石河Ⅱ级阶地,其阶面高出沙锅店村 6m 左右,阶面为平坦的耕地。小路南坡为Ⅱ级阶地剖面,剖面上分布着大小不一的漂石、卵石和细粒物质。剖面上部物质以细粒物质为主,下部则多夹杂大块漂石、卵石,为次圆状,是河水搬运与磨蚀岩块的结果,说明这是河流沉积物。这种上细下粗的结构称为阶地沉积物的二元结构。

2. 认识和研究河流阶地的意义

河流两岸往往是人口稠密地区,分布着众多的城市与乡村,它们大多坐落在河流阶地上,如宜昌、荆州、武汉、黄石、南京等城市就主要位于长江Ⅰ级阶地上。沙锅店村、上庄坨村也位于大石河的Ⅰ级阶地上。因此,阶地与人类的生产与生活密切相关,阶地上的沉积物种类和分布特征对阶地作为建筑物地基有重要意义,也对阶地上打井取水有重要意义。同时,由于阶地的形成与构造活动、温度、降水、海平面变化等有关系,因此也可以通过对河流阶地沉积物及结构演化的研究来反演气候变化和构造活动方式。

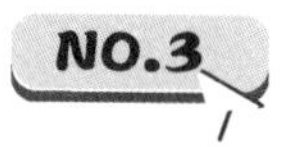

位置:石门寨村北大桥西侧 200m 大石河南岸。

意义:岩溶溶洞及侵入岩。

观察内容:

(1)观察大桥西侧大石河南岸溶洞景观。

(2)观察亮甲山侵入岩。

教学过程及内容要点:

1. 观察石门寨村北大石河桥南岸西侧溶洞

该观察点内容是 2003 年孟高头等实习队老师新发现的一个观察点。经当地老乡引导,实习队发现此处存在一个很大的溶洞,人可以钻入,岩溶景观相当壮观。具体内容与沙锅店东山梁类似。

2. 观察亮甲山侵入岩

亮甲山是实习区奥陶系“亮甲山组”的创名点，发育较完整的早奥陶世灰岩地层。其中穿插亮甲山组的辉绿岩岩墙和岩床规模较大，是沙锅店东山梁花岗斑岩岩墙观察内容的重要补充。建议学生以小组为单位采集辉绿岩侵入体和竹叶状灰岩的标本(图 3-6-5)。由于亮甲地区灰岩采挖严重，一些地点险情较重，建议学生远离岩壁，带队老师应注意全体师生安全。

图 3-6-5 亮甲山侵入岩(杜学斌摄于 2014 年)

第七节 上庄坨

位置：基地→上庄坨→小傍水崖→基地。

任务：

(1)观察中侏罗世(J_2)火山熔岩。

(2)观察大石河河谷的地貌，绘制大石河河谷地形剖面图。

(3)观察中侏罗世(J_2)火山集块岩。

(4)观察、统计大石河河滩砾石特点。

学生准备工作：

(1)准备登山装束。

(2)预习火山岩和河流地质作用基本知识。

位置：位于实习站北约 25km，上庄坨村西北约 200m 抽水站旁。

意义：火山岩和大石河河流地质作用观察点。

观察内容：

（1）火山作用基本知识介绍（岩浆、火成岩和火山岩；火山岩的结构和构造、产状、岩相）。

（2）火山岩的野外观察和描述技能（火山岩地层的对比；火山岩产状测定）。

（3）火山岩类型和描述（玄武岩与安山岩；火山碎屑与火山碎屑岩；集块岩和火山集块岩、火山角砾岩和火山砾岩、凝灰岩）。

（4）大石河中游河流地质作用特点。

教学过程及内容要点：

1. 上庄坨村西抽水站旁火山岩类型和特征

橄榄玄武岩：岩石为灰绿色中厚层状橄榄石玄武岩；具斑状结构，橄榄石斑晶已蛇纹石化，斑状结构中的基质主要为斜长石（长条状）、绿帘石（暗色颗粒，并使岩石呈绿色）、方解石（不规则形状）；具气孔构造和杏仁状构造，杏仁主要由方解石和燧石组成。

砂质凝灰岩：（往上行进约 30m）凝灰质结构，粒径 1～3mm，分选差，呈次棱角状，碎屑成分除火山碎屑外，还可以见到变质岩和沉积岩碎屑、斜长石矿物碎屑等，胶结物为凝灰质。

辉石玄武安山岩：灰绿色、紫红色，具斑状结构，辉石斑晶占 5%～15%，辉石短柱状，具卡氏双晶，有时可见斜长石斑晶（含量高时可达 40%左右），有时可见橄榄石斑晶（最高约 3%），基质主要为玻璃质或显微晶质；呈块状构造，可见球形风化现象。岩石中有时可见火山角砾。

角闪石安山岩：灰绿色，具斑状结构，块状构造，角闪石斑晶占 10%～15%，长柱状，大小 3mm×10mm，个别角闪石斑晶十分巨大，达 10mm×30mm，基质主要为灰绿色玻璃质或显微晶质（图 3-7-1）。

斜长石安山岩：灰紫色、灰白色，具斑状结构，斜长石斑晶占 5%～10%，呈长柱状及细小短柱状、针状，绝大多数已风化成白色高岭土；基质为玻璃质或显微晶质，呈紫红色、灰紫色。岩石表面可见球形风化（图 3-7-1）。

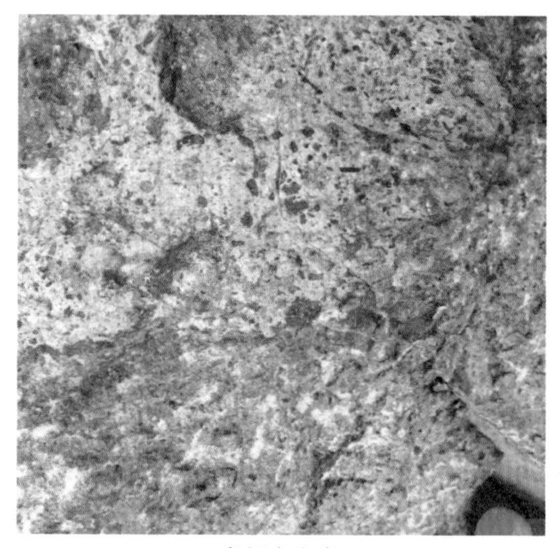

角闪安山岩

斜长安山岩

图 3-7-1　安山岩（杜学斌摄于 2014 年）

2. 大石河河流地质作用特征

实习点地处大石河中游，河床、谷底和谷坡三要素明显。河床在较开阔的谷底随河谷总体同步弯曲，并触及河谷谷坡。河流主流线向凹岸，形成深水区。河流凹岸侵蚀作用明显，形成侵蚀陡崖，高达50m，凸岸堆积沉积物，地势平坦。河流演化总体处于河曲阶段，仍具有较强的侧方侵蚀作用(图3-7-2)。

河流沉积地形明显。心滩和浅滩上沉积物以砾石为主，范围较大，裸露谷底。河漫滩沉积范围较小，上部沉积细粒物质，杂草丛生。大石河中游发育河流阶地。

浅滩(滨河床浅滩)：分布于凸岸，宽10～15m，缓缓向河床倾斜。沉积物以砾石为主，间夹粗砂、中砂，砾石成分以花岗岩、正长岩和安山岩为主，可见流纹岩、片麻岩和各类沉积岩。

河漫滩：分布于凸岸，宽度窄，为1～3m。下部物质以砾石为主，夹中粗粒砂，上部为细砂和亚砂土，杂草丛生，部分被改造成耕地。河漫滩的二元结构比较明显，下部砾石最大砾径达70cm，最小砾径只有1cm。砾石分选度较差，以次棱角状、次圆状为主，略具定向排列，最大扁平面(*ab*面)略微倾向河流上游，略具斜层理。上部河漫滩沉积物由中粗砂、粉砂和亚砂土组成，具水平层理构造。

河流阶地：发育3级，表面略向河床及下流倾斜，陡坎明显。

Ⅰ级河流阶地：堆积阶地，高出现代河水面3～5m，下部由浅滩相砾石层组成，上部为漫滩相亚砂土。阶地宽度不等，已被改造成永久耕地。

Ⅱ级河流阶地：主要发育堆积阶地，高出河水面约12m，已被改造成永久耕地。表面由亚砂土、亚黏土组成，陡坎下部可见浅滩相砾石层。

Ⅲ级河流阶地：为基座阶地，高出河水面21～25m，局部保留，分布不连接，人工改造明显。表面物质主要为亚砂土和亚黏土，可见残留河床相砾石，直接覆盖于火山岩基底上。砾石磨圆度好，成分主要为石英砂岩和花岗岩。阶地后缘坡积物中发现安山质火山岩砾石，无花岗岩和流纹岩等砾石。由此说明，上述磨圆度较好的砾石沉积可能代表了大石河发育初期的最早期沉积物。

大石河中游的3级阶地发育，代表本区3次较明显的地壳上升，它们是实习区新构造和现代构造的重要记录，与北戴河海滨区发育的3个不同高度的海蚀阶地(古波切台)吻合。

图3-7-2 大石河河谷地貌(杜学斌摄于2014年)

NO.2

位置:上庄坨村与小傍水崖村之间的大石河凹岸。

意义:火山集块岩和小石河沉积物观察点。

观察内容:

(1)火山集块岩观察、描述及成因意义分析。

(2)大石河砾石沉积物类型、分布特征及成因意义。

教学过程及内容要点:

1. 火山集块岩

安山质火山集块岩呈紫红、灰绿色,火山碎屑多为紫红色,50%以上的火山碎屑粒径大于50mm,最大的大于150mm,多为椭圆形,略具定向,集块成分为安山质。胶结物为灰绿色细粒火山角砾,角砾成分亦为安山质,其中角闪安山质胶结物中的角闪石斑晶有时可见明显的暗化边(图3-7-3)。

图3-7-3 火山集块岩特征(杜学斌摄于2014年)

2. 大石河砾石沉积物类型、分布及成因意义

以小组为单位统计约 100 个河流砾石的岩石类型、分选性和磨圆度，分析其分布规律及成因意义。

大石河河口砾滩的砾石成分相当复杂，岩性有安山岩、火山角砾石、花岗岩、伟晶岩、脉石英、灰岩、白云岩及石英砂岩。整体而言，砾石呈叠瓦状排列，最大扁平面倾向上游，砾径 1～50cm 不等，分选度与磨圆度均不高。

第八节 鸡冠山

路线：基地→鸡冠山→基地。

任务：

(1)观察新元古代地层及其接触关系。

(2)常见沉积构造的观察描述及其沉积环境分析。

(3)观察断层构造及其组合特征。

学生准备工作：

(1)预习地层接触关系类型及其形成过程。

(2)预习常见沉积构造类型。

(3)预习断层概念、要素、性质及其组合类型。

(4)准备必要的爬山物品和装束。

位置：鸡冠山东北角山崖。

意义：新元古代地层及接触关系观察点。

观察内容：

(1)新元古代地层岩性。

(2)地层接触关系。

(3)断层(可根据实际情况选择)。

教学过程及内容要点：

1. 新元古代地层岩性

鸡冠山位于实习区北部柳江盆地的南端，是实习区新元古代地层保存较好的地点。山体主要岩性为新太古代花岗岩，主要矿物为钾长石、石英和斜长石，其次有黑云母和角闪石等，具中粗粒花岗结构，块状构造，是研究区最古老的岩体。新元古代地层分布于鸡冠山的顶部，地势陡峭。地层层理明显，产状平缓，远似一个"鸡冠"矗立在山顶之上，与下伏花岗岩之间呈不整合接触(图 3-8-1)。

鸡冠山上出露的新元古代地层是一套浅海相砂岩，主要岩性有灰白色中厚层含海绿石石英砂岩、灰白色中厚层长石石英砂岩，夹薄层深灰色泥质粉砂岩和泥岩。地层只沿山顶分布，底部地层形成陡崖地形。在山顶东北角陡崖口和中部山腰处出露良好，与下伏花岗岩之间呈沉积不整合或非整合接触关系。

2. 地层接触关系及其构造意义

地层接触关系可分为两类：整合（Conformity）和不整合（Unconformity）。其中不整合接触关系细分为 3 类：平行不整合（Disconformity 或 Parallelunconformity）、角度不整合（Angular Unconformity）、沉积不整合或非整合（Nonconformity）。鸡冠山新元古代地层与下伏花岗岩之间为沉积不整合接触（图 3-8-1），证据如下。

（1）接触界面之上、下的地（岩）层年代相差悬殊：上覆地层为新元古代（约 800Ma），下伏花岗岩的侵位年龄为新太古代（2600Ma）。因此，接触面上、下地层的年代不连续，期间缺失约 1800Ma 的沉积记录。

（2）接触界面附近有古风化剥蚀现象：界面下伏的花岗岩颜色变浅，呈灰白色、白色，松散易碎。界线不平整，高低起伏，界面上可见不连续分布的薄层红色褐铁矿和高岭土层，显示古风化壳特征。

（3）上覆新元古代地层的底部存在底砾岩：底砾岩呈浅灰色，厚 30～50cm 不等，砾石成分为石英，分选和磨圆均好。

（4）接触界面上、下地层的岩性差别较大，上覆地层为沉积岩，微倾斜产状，倾向西南，倾角小于 5°，未见明显的变形、变质作用改造：下伏地层为侵入岩，受后期变形、变质作用明显，局部见片麻状构造。

综合上述证据，鸡冠山出露的新元古代地层与下伏花岗岩之间的接触关系为沉积不整合接触关系。

沉积不整合接触关系具有重要的构造意义，它代表了实习区一次古老的海陆升降历史，即新太古代末期实习区地壳上升，造山成陆。在之后约 1800Ma 的漫长时间内遭受风化剥蚀，区内没有沉积地层记录。约新元古代开始地壳下降成为海洋，接受沉积，形成本观察点所见的含海绿石石英砂岩。

图 3-8-1 鸡冠山顶不整合面（杜学斌摄于 2014 年）

3. 断层

观察点西南侧发育一条断层，横切鸡冠山东山梁，出露长度约 25m。断层走向约 330°，倾角近直立，两盘均为新元古代长石石英砂岩(图 3-8-2)。

在垂直断层走向剖面上，断层西南盘上升、东北盘下降。然而，据断层面发育的“丁”字形擦痕和阶步分析，该断层为左行平移断层。断层两盘的上、下运动表象是倾斜岩层平移运动的综合结果。

图 3-8-2　鸡冠山顶断层(杜学斌摄于 2014 年)

位置：鸡冠山顶。

意义：新元古代地层的沉积构造和断层观察点。

观察内容：

(1)波痕和交错层理。

(2)正断层。

(3)地堑构造。

教学过程及内容要点：

1. 波痕和交错层理

观察点岩性为新元古代灰黄色含海绿石石英砂岩，其中 SiO_3 含量为 90.99%～95.17%，Al_2O_3 含量为 2.76%～4.96%，Fe_2O_3 含量为 0.24%～0.43%，质量符合玻璃原料要求，曾是国家大型企业秦皇岛市耀华玻璃厂的主要工业原料区。本观察点的石英砂岩地层中发育良好的波痕(层面构造)和交错层理(层内构造)。

波痕的波峰线方向约 85°(或 275°)，连续性好。波长 45～60cm，波高 7～15cm，对称性明显。波峰形态总体较尖锐，波谷较平稳，其成因可能与摆动水体有关，较难断定水流方向。局部可见波痕干涉现象(图 3-8-3)。根据岩性中出现海绿石矿物及对称波痕反映的振荡水体环境，大致确定波痕的形成环境为浅海。

岩层内部普通发育良好交错层理，在岩层横截面上可清晰识别出倾斜的前积层。根据前积层理的锐夹角收敛方向和散开方向，可断定观察点的地层层序正常，没有发生倒转等强烈构造变动。

此外，新元古代石英砂岩之间夹杂有厚 10～40cm 的灰色纹层状粉砂质页岩和泥岩，初步认为是潮汐层沉积，说明该套地层的沉积环境水深不大。

交错层理

波痕

图 3-8-3　砂岩中的沉积构造（杜学斌摄于 2014 年）

2. 正断层

观察点附近石英砂岩中发育一条断层。断层面清晰，产状约 240°∠50°，断层两盘之间充填断层角砾、断层泥和一块较大的构造透镜体。断层带上宽下窄，厚 15～40cm。两盘地层错位明显，地层破碎强烈。

根据断层带内部的构造透镜体的长轴指向、粉砂质夹层的牵引构造及断面的擦痕方向，判断该断层性质为正断层，即上盘下降、下盘上升，断距约 2m。

该观察点断层构造现象清晰，要求学生绘制一幅正断层剖面图，重点标注断层面、两盘运动方向、构造透镜体和牵引构造等。

3. 地堑构造

地堑构造发育于鸡冠山西侧，汤河流经该地堑的中部，取名为汤河地堑。地堑的主要判断证据是新元古代地层表现出来的陡峭地势：陡崖底部即为新元古代地层与新太古代花岗岩的沉积不整合面。根据汤河东岩鸡冠山一侧的两个不同高度的不整合面露头位置和汤河西岸大平台一侧的两个不同高度的不整合露头位置，初步断定沿汤河东、西两侧发育两组正断层，之间构成公共下降盘，汤河流经其中（图 3-8-4）。

图 3-8-4　地堑和地垒（杜学斌摄于 2014 年）

第九节　翡翠岛人工码头及七里海潟湖

路线：基地→翡翠岛人工码头→七里海潟湖→基地。

任务：

(1)河口区水动力情况的测量和认识。

(2)海岸侵蚀现象。

(3)海岸工程建筑物。

(4)潟湖沉积的特征。

(5)观鸟。

学生准备工作：

(1)准备必要的野外实习用品。

(2)预习海岸侵蚀和海岸工程。

(3)预习潟湖沉积作用过程。

位置：新开河大桥(图 3-3-1)。

意义：河口区水动力情况的测量和认识观察点。

观察内容：

(1)河口区水体流速的测量。

(2)河口区温度、盐度、深度的测量。

教学过程及内容要点：

1. 河口水体流速的测量

利用安德拉海流计(RCM9LW)测量水体流速(图 3-3-2)。主要测量河口不同位置和水层的流向与流速。仪器详细参数见本章“第三节新开河河口”中“NO. 1”相关内容。

2. 河口水体温度、盐度和水深的测量

采用 CTD 仪测量。主要测量河口不同位置和水层的温度、盐度和水深。具体介绍见本章“第一节石河河口”中“NO. 3”中关于“CTD 仪”的相关内容。

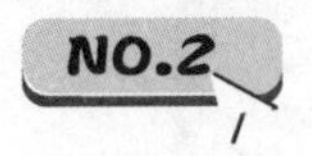

位置：渔人码头海滩(图 3-3-1)。

意义：沙滩和海岸侵蚀现象观察点。

观察内容：

(1)砂质海岸的测量。

(2)海岸侵蚀现象的观察。

教学过程及内容要点：

1. 砂质海岸的测量

关于砂质海岸的测量具体方法见本章“第一节石河河口”中“NO. 3”的相关内容。

2. 海岸侵蚀现象的观察

该点主要观察海岸侵蚀的现象，并对现象进行描述，讨论其形成原因（图 3-9-1）。海岸侵蚀是指在自然力（包括风、浪、流、潮）的作用下，海洋泥沙输出大于输入，沉积物净损失的过程，即海水动力的冲击造成海岸线的后退和海滩的下蚀。海岸侵蚀现象普遍存在，中国 70% 左右的砂质海岸线以及几乎所有开阔的淤泥质海岸线均存在海岸侵蚀现象。塑造海岸侵蚀地貌的主要动力因素是波浪和潮流，但高纬度地带的海岸还受到冰冻的侵蚀，热带和亚热带的海岸则受到丰富的地表水和强烈的化学风化作用的侵蚀。海岸侵蚀地貌的发育过程，除与沿岸海水动力的强弱和海岸的纬度地带性有关以外，还受组成海岸的岩性的抗蚀能力制约。

图 3-9-1 海岸侵蚀现象

位置：翡翠岛人工码头（图 3-9-2）。

意义：海岸工程建筑物观察点。

观察内容：

（1）导堤的走向。

（2）导堤前波浪的反射。

教学过程及内容要点：

图 3-9-2 人工码头远景（杜学斌摄于 2017 年）

本观察点主要为认识和了解河口导堤的作用及设计原理。

导堤(jetty)的作用：主要用于导流，使水流或潮流集中，以刷深航槽，有利于船舶的进出，且能阻挡沿岸飘沙淤积航槽，同时也有防波的作用。本考察点位于人工码头的导堤，在该点主要观察导堤的走向、导堤的材料；思考入河口左侧的导堤向内倾斜布置的原因。导堤用空心混凝土块体建造，而不是用实心混凝土块体建造，主要目的是为了减少导堤前反射波的能量，从而保护导堤及堤脚，延长导堤寿命。

位置：七里海潟湖（图 3-9-3）。

意义：潟湖沉积观察点。

观察内容：

(1)潟湖沉积的地貌以及沉积特征。

(2)潟湖里的生物类型。

教学过程及内容要点：

1. 七里海潟湖沉积

七里海潟湖是国内仅存的现代潟湖之一，在沿海湿地类型中具有较强的典型性和代表性。七里海曾是一个淡水湖，清咸丰年间，因天旱水源断绝，湖水干涸；数年后，湖内蓄水如旧；至清光绪九年（1883 年）大水，滦河泛滥，洪水倾入七里海，在东北角将沙丘冲开一条水道注入渤海，即新开口；新开口形成后，海水随潮汐涌入七里海，七里海由淡水湖变成一个半封闭的潟湖[1—3,20—21]（图 3-9-3）。

2. 地貌特征

(1)七里海潟湖是一个与渤海相通的半封闭潟湖（图 3-9-3）。

(2)七里海潟湖东岸及东南岸有沙丘（俗称沙坨峪）与渤海相隔，东北隅有一潮流通道即新开口与渤海相连（图 3-9-4）。

(3)潟湖西侧、西北侧有稻子沟、刘台沟、刘坨沟、泥井沟、赵家港沟 5 条小河注入，这 5 条

图 3-9-3 七里海潟湖的卫星影像

小河系滦河古入海汊道，均为季节性河流，合称七里海水系。

(4)由于河流径流较小，潟湖主要受潮汐作用影响。潟湖的潮汐属不规则潮汐，最高潮位为 2.0m，最低潮位为 0.53m，平均潮差为 0.70m，最大潮差为 1.52m(七里海验潮站)；从潮流通道向潟湖，涨潮流平均流速为 0.2m/s，落潮流平均流速为 0.3m/s。

(5)潟湖内波浪很小，遇 6 级风，海上浪高可达 1.5～2.0m，而潟湖内波浪仅 0.2～0.3m，6 级风以下基本无浪。

图 3-9-4 七里海大潟湖(远处为新开口潮汐通道；刘秀娟摄于 2014 年)

(6)七里海小潟湖：在大潟湖旁边，有一个外形呈保龄球形态的小潟湖，水体平静，可以作为潟湖结构和沉积的较好观察点(图 3-9-5)。

图 3-9-5 七里海小潟湖(杜学斌摄于 2017 年)

3. 沉积物特征

(1)七里海潟湖湖底分布着黑色淤泥质细砂,无典型湖相泥质沉积,这是潟湖中动力最弱的地带。

(2)七里海潟湖水域中心的潮沟组成物质相对比较粗,主要是一些富含贝壳碎片的青灰色细砂,分选中等,反映了往复潮流的较强水动力作用。

(3)湖滩分布在潟湖的周边,河口处较窄,离河口越远,湖滩越宽。湖滩由深灰色含淤泥细砂组成,分选很差。

(4)潮流通道位于潟湖的东北端,为一长约 2000m、宽 200～400m 的狭长水道(图 3-9-6 中积水部分),其底质为第四纪海陆相交互沉积物,为灰黑色淤泥质粉砂。潮流通道的两端有潮成沙体,分别由涨潮流、落潮流形成,主要物质为中细砂。在潮流通道的口门附近,沙体物质有向海方向变粗的趋势,分选程度亦有所提高,说明波浪影响在此得以增强。

图 3-9-6 潮流通道和潮沟(杜学斌摄于 2017 年)

(5)小潟湖湖边生物多以钉螺为主,而且分布具有分异性(图 3-9-7)。小潟湖湖沉积物,细粒,有机质含量高(图 3-9-8)。小潟湖潮道中可以见到双黏土层,是典型的潮汐沉积标志(图 3-9-9)。

(6)在潟湖边上发育大量的沙丘,其内部含有海洋贝壳生物,显示潮水曾经到达过这个高度(图 3-9-10)。

图 3-9-7　小潟湖湖边生物

图 3-9-8　小潟湖沉积物

图 3-9-9　潮道发育的双黏土层

图 3-9-10　小潟湖边上沙丘

4. 观鸟

七里海因地处咸淡水交互地带,海洋、陆地生物均很丰富,生物群落由种子植物、鸟类、鱼类、甲壳类、环节动物、浮游动植物组成。湖滩近岸带发育芦苇、盐地碱蓬等陆生植物;鸟类以黑嘴鸥、银鸥为主;主要海洋生物种类有梭鱼、黄姑鱼、三疣梭子蟹、日本关公蟹、白虾、糠虾、沙蚕等。生物种类极其繁多。

第十节　小东山—鹰角亭—鸽子窝

路线:基地→小东山→鹰角亭→鸽子窝→基地。

任务:

(1)了解北戴河实习区交通和人文、自然地理概况;利用罗盘和地貌定点。

(2)观察基岩海岸波浪运动、海蚀作用及其地貌。

(3)观察基岩海岸沉积物和海洋生物。

学生准备工作:

(1)准备必要的野外实习用品。

(2)预习波浪运动对海岸的地质作用过程。

(3)预习河口区地质作用过程。

位置:北戴河小东山以北的(海上音乐厅)旁边礁石。

意义:基岩海岸海蚀地貌、沉积物及生物特征观察点。

观察内容:

(1)海岸基岩的岩石学特征。

(2)基岩海岸波浪运动和海蚀地貌特征。

(3)基岩海岸沉积物和海洋生物特征。

教学过程及内容要点:

1.观察基岩海岸岩性特征

北戴河小东山位于北戴河海滨东部,枕山襟海,松柏成林,环境优美,空气高负离子。附近有鸽子窝公园、碧螺塔海上酒吧公园等游览景区,以及大面积免费海浴场。

本点主要是观察基岩海岸的岩性特征与生物特征。海蚀地貌可以于鹰角亭实习点来进行教学。

基岩海岸由坚硬岩石组成。它轮廓分明,线条强劲,气势磅礴,不仅具有阳刚之美,而且具有变幻无穷的神韵。它是海岸的主要类型之一。基岩海岸常有凸出的海岬,在海岬之间形成深入陆地的海湾。岬湾相间,绵延不绝,海岸线十分曲折(图 3-10-1、图 3-10-2)。

海岸的主要特点:岸线曲折且曲率大,岬角与海湾相间分布;岬角向海凸出,海湾深入陆地。一般岬角以侵蚀为主,海湾内以堆积为主。由于波浪和海流的作用,岬角处侵蚀下来的物质和海底坡上的物质被带到海湾内来堆积。

实习区海岸的基岩为花岗质岩石。根据最新地质资料,该套花岗质岩石属于岩浆成因,侵入年代为新太古代,后期遭受了强烈变形变质改造。主要矿物有石英、长石,其次有黑云母、角闪石等。岩石呈浅灰色、灰白色,具中、粗粒花岗结构,块状构造。岩石中可见暗色片麻岩、角闪岩等包体,普遍发育后期侵入的浅色伟晶岩脉和石英脉。基岩主要为伟晶岩,呈浅灰白色,主要矿物是石英,含量约 90%,少量钾长石,具伟晶结构,块状构造。伟晶岩脉呈岩墙状产出,较陡直,总体走向近东西向。岩石内部发育几组区域性节理,表现出明显的构造破裂面。

小东山一带的基岩海岸沉积物以粗大砾石为主,拍岸浪造成的大量坍塌岩块基本上被就地堆积。波浪折射作用使海岬部位波能集中,水动力较强,堆积下来的沉积物大多比较粗大,个别粗大滚石直径超过 1m。沉积物总体大小混杂(分选差),棱角分明(磨圆差),常形成砾滩,矿物组成总体上保留了海岸基岩的原始岩性(花岗岩、伟晶岩),其中夹杂数量不少的生物贝壳碎片，局部形成贝壳滩。

图 3-10-1　小东山一带基岩海岸

图 3-10-2　小东山一带海蚀地貌

2. 观察基岩海岸海洋生物特征

小东山一带的基岩海岸潮间带海洋生物相当丰富，大多固着在基岩表面生长于潮间带，并有良好的分带性。藻类、鹿角菜、海白菜和海葵等分布于下部；牡蛎、笠贝、荔枝螺、紫贻贝和锈凹螺等大致位于中部；海蟑螂、藤壶、短滨螺和黑偏顶蛤等位于上部。实际上各带之间没有严格的界线，逐渐过渡，总体上反映生物种类随着波浪能量增强，固着能力或抗风浪打击能力有增强趋势。

位置：鹰角亭(图 3-10-3)。

意义：基岩海岸观察点。

观察内容：

(1)海岸基岩的岩石学特征。

(2)基岩海岸波浪运动和海蚀地貌特征。

(3)基岩海岸沉积物和海洋生物特征。

教学过程及内容要点：

1. 基岩海岸波浪运动和海蚀地貌特征

基岩海岸的波浪常呈拍岸浪形式。从远岸至近岸，波浪形态从对称、波高低、波峰线不连续，逐渐过渡为不对称、波高增大、波长减小、波峰线连续的波形，最终与海岸岩石碰撞形成惊涛骇浪——拍岸浪。拍岸浪使波浪的能量瞬间消耗于撞击岩石上，使岩石容易遭受破坏，形成各种海蚀地貌。因此，海岬部位的波浪地质作用主要表现出强烈的侵蚀作用，产生各种侵蚀地貌。

基岩海岸被侵蚀作用的过程实际上是波浪能量逐渐消耗于侵蚀岩石的过程。海岸基岩在拍岸浪的长期作用下，被不断打碎冲刷逐渐形成海蚀凹槽、海蚀沟等侵蚀地貌；不断扩大的海蚀凹槽使得上覆岩块失去基础，重力失稳而崩塌，形成比较陡直的海蚀崖；由于拍岸浪的继续侵蚀作用，海蚀崖的底部会形成新的海蚀凹槽，随着新的海蚀凹槽不断扩大，又导致上覆岩块新的崩塌，形成新的海蚀崖。

因此，经过上述过程的不断重复，海蚀崖朝着陆地方向节节后退，其前方的海岸带宽度不断增大，逐渐形成一个微微向海洋方向倾斜的波切台。随着波切台的不断拓宽，前进的波浪在到达海蚀崖之前，其能量被逐渐消耗掉，最后直到波浪没有足够的能量破坏海蚀崖基底，不再产生新的海蚀凹槽，波浪对基岩海岸的侵蚀作用最终达到了平衡状态。这种平衡状态的到来需要漫长的地质时间，在此过程中形成了各种各样的海蚀地貌，常见的有海蚀凹槽、海蚀沟、海蚀崖、海蚀柱、岩蚀岩垛、海蚀岩礁、海蚀穹、波切台等。

2. 海岸基岩岩石学特征

鸽子窝(鹰角石)是拍岸浪侵蚀作用形成的一个海蚀岩垛(大型海蚀柱，一端与陆地连接)，陡峭的海蚀崖与区域性节理发育有关。在海蚀崖上可见 3 组不同高度的海蚀凹槽，分别高于现代海平面大致 2～5m、12m 和 20m(图 3-10-3、图 3-10-4)。鸽子窝海面上孤立的一块礁石是一个不很典型的海蚀柱，柱体高度较小，可能经历了长期的波浪侵蚀和重力垮塌，残留在波切台上。鸽子窝海滩上的沉积物以砾石为主，大小混杂(分选差)，多数棱角分明(磨圆差)，矿物组成基本上由原地伟晶岩和花岗岩组成，总体上反映了较强波浪动力环境下较快速堆积的地质作用过程。其中，直径 1m 左右的滚石均为原地坍塌产物；直径 10cm 左右的砾石与海岸基岩成分基本相同，具一定磨圆度；直径小于 2cm 的砾石成分复杂，具一定磨圆度。

图 3-10-3　鹰角亭一带地形地貌

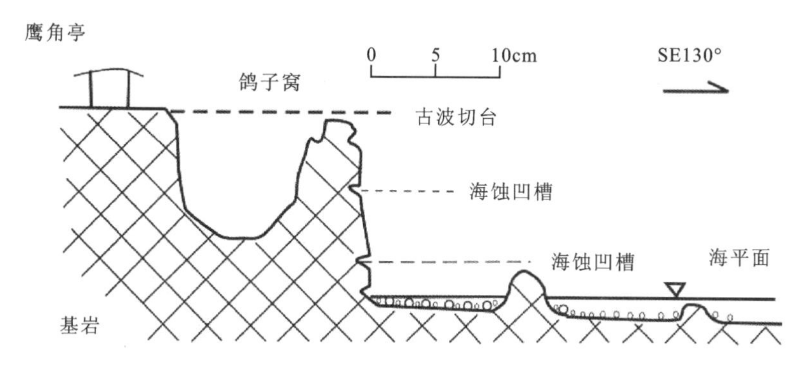

图 3-10-4　鹰角亭—鸽子窝—海滩海蚀地形剖面图(鹰角亭)[2]

3. 基岩海岸沉积物和海洋生物特征

基岩海岸沉积物以粗大砾石为主,拍岸浪造成的大量坍塌岩块基本上被就地堆积。波浪折射作用使海岬部位波能集中,水动力较强,堆积下来的沉积物大多比较粗大,个别粗大滚石直径超过 1m。总体大小混杂(分选差),棱角分明(磨圆差),常形成砾滩,矿物组成总体上保留了海岸基岩的原始岩性(花岗岩、伟晶岩),其中夹杂数量不少的生物贝壳碎片,局部形成贝壳滩。

基岩海岸潮间带海洋生物相当丰富,大多固着基岩表面生长于潮间带,并具有良好的分带性。藻类、鹿角菜、海白菜和海葵等分布于下部;牡蛎、笠贝、锈凹螺、荔枝螺、紫贻贝等大致位于中部;海蟑螂、藤壶、短滨螺和黑偏顶蛤等位于上部。实际上各带之间没有严格的界线,逐渐过渡,总体上反映生物种类随着波浪能量增强,固着能力或抗风浪打击能力增强趋势。

除了上述海洋生物之外,尚有褐藻、红藻、苔藓虫、石龟、有孔虫、介形虫和多毛类等生物也通常生活在基岩海岸中。此外,螃蟹类生物通常活动于岩石缝隙间,鱼、虾、海星等生物主要生活在海水中。特别注意的是,小东山一带基岩海岸的沉积物中常含一些砂质海岸海洋生物碎片(例如舟蛤、菲律宾蛤、樱蛤、毛蚶等),应提醒学生它们通常不生长在基岩海岸(图 3-10-5)。

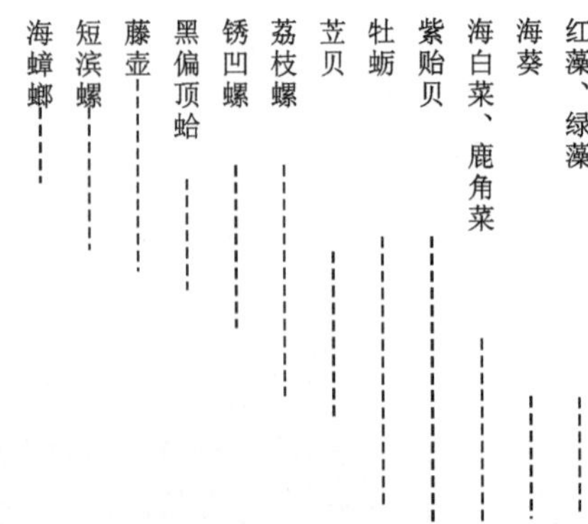

图 3-10-5 基岩海岸海洋生物分带示意图[2]

第十一节 滦河三角洲

路线：基地→滦河大桥南如意岛北端→姜各庄大桥→姜各庄大桥南 500m→姜各庄大桥南 1000m→基地。

任务：

(1)认识河流沉积的主要类型。

(2)认识河流沉积形成的心滩、边滩、河漫滩和三角洲的主要特征。

学生准备工作：

(1)预习河流沉积的基本概念。

(2)预习河流沉积类型的基本特征。

(3)预习三角洲的形成过程及地质作用特点。

(4)预习地形图和罗盘的基本常识，准备必要的野外实习用品。

(5)此路线车程较长，建议作为考察路线。

位置：滦河大桥南如意岛北端。

意义：河流沉积基础认识点。

观察内容：

(1)河道砾石层。

(2)心滩沉积。

教学过程及内容要点：

1. 滦河简介

滦河古称濡水，为华北地区大河之一，发源于河北省北部张家口境内的巴彦古尔图山北麓；向北流入内蒙古自治区，此段称为闪电河；后向东南急转进入河北省东北部，一直向东南流入渤海；全长 885km，总流域面积达 4.46×10^{4} km^{2}，基本都在河北省境内[1,22—23](图 3-11-1)。

图 3-11-1 滦河流域水系图

滦河径流量的季节变化较大，因夏季多暴雨，6～9 月径流量可占年径流量的 3/4，径流量最大月 8 月可占全年径流量的 1/4～1/3。径流年际变化同样较大，最大年径流量与最小年径流量的比值多在 8 左右。滦河不仅水量丰枯变化大，且常出现连续丰水或连续枯水。滦河输沙量较大，但比海河小，滦县站多年平均年输沙量为 2270×10^4 t。

2. 河流沉积物观察

滦河大桥位于滦河下游，在昌黎县与滦县的交界处(图 3-11-2)；在大桥以南 1km 左右河道中间有一河心岛，名曰如意岛；在如意岛北端，可以看到大量的砾石沉积物，适合观察心滩的形态及心滩沉积的特征(图 3-11-3、图 3-11-4)。

图 3-11-2 滦河大桥位置及近景图

图 3-11-3　如意岛远景图及如意岛边滦河近景图

图 3-11-4　如意岛北端的砾石堆积及心滩沉积特征

位置:姜各庄大桥下东行 1000m 左右。

意义:河道边滩沉积观察点。

观察内容:河道边滩沉积和曲流河地貌。

教学过程及内容要点:

教学要点:让学生直观地感受曲流河地貌和河道边滩沉积的特征,理解边滩沉积的原理。

姜各庄大桥位于滦河下游,地势平坦,河面宽阔,沉积作用发育,同时蛇曲也相当发育(图 3-11-5)。

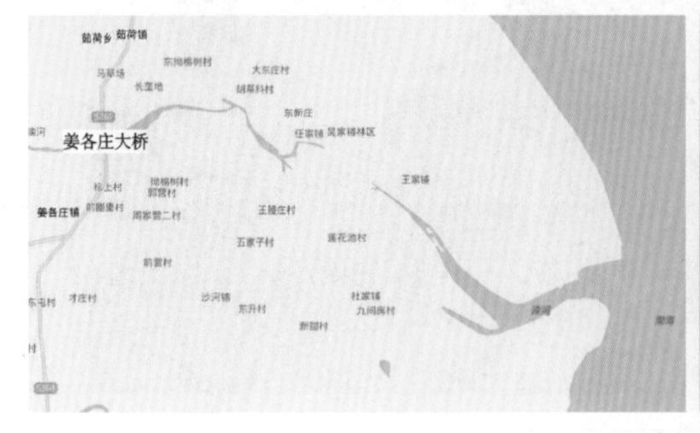

图 3-11-5　姜各庄大桥位置图及远眺图

1. 曲流地貌

本区域地势平坦，流速较慢，因此形成凸岸堆积，凹岸侵蚀的曲流地貌（图3-11-6）。

图3-11-6　曲流地貌

2. 边滩沉积物观察

边滩沉积物以砂为主，成分成熟度较低；在结构上以跳跃组分为主，分选中等；构造上以大中型槽状、板状交错层理和平行层理为主；在垂向上有向上粒度变细、层理规模变小的特点；横向上呈板状、透镜状分布；在平面上呈带状分布（图3-11-7）。

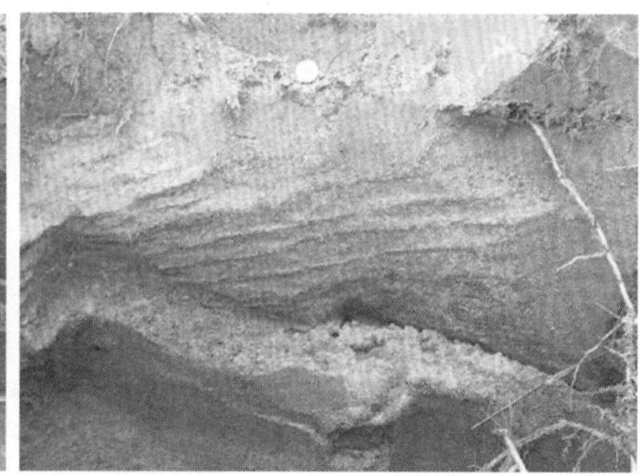

图3-11-7　边滩沉积物的层理

3. 沉积间断

随着河道或气候环境的改变，河流沉积有可能出现中断，也会在沉积层序中得以体现（图3-11-8）。

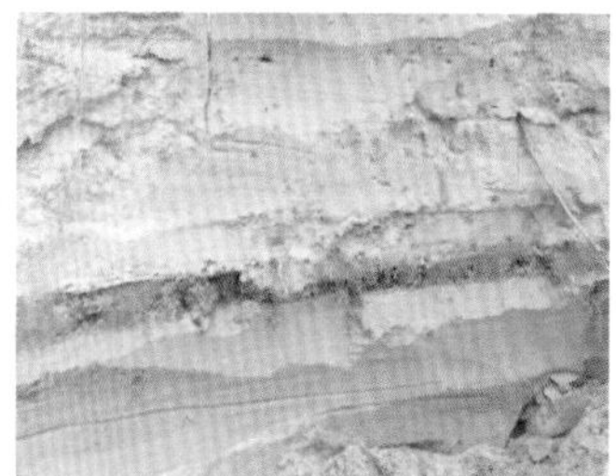

图3-11-8　边滩沉积间断

NO.3

位置：滦河河口。

意义：河口形态观察。

观察内容：河流入海口沉积特征观察点。

教学过程及内容要点：

本观察点为观察滦河入海口沉积特征点。实习点为滦河注入渤海的口门，在河口区发育大型的河口坝，河口坝呈喇叭口形向渤海方向展开，沙质细，手感好。由于涨潮与退潮的影响，有些沙坝在水中时隐时现，被称之为水下沙坝。同时，由于沿岸流的改造作用，河口坝被改造为沿岸沙坝(图 3-11-9、图 3-11-10)。

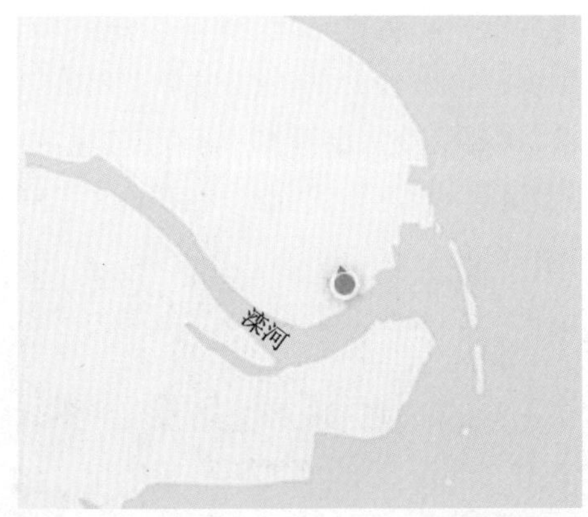

图 3-11-9　滦河入海口地貌形态图

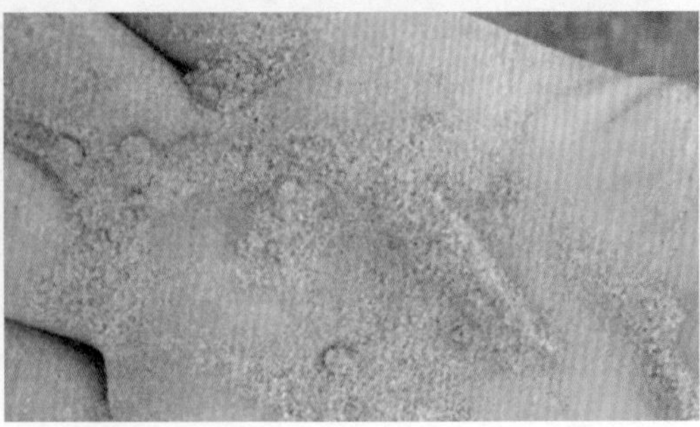

图 3-11-10　滦河入海口沉积特征

第十二节　海洋环境监测中心

路线：基地→秦皇岛海洋环境监测中心→基地。

任务：

(1)水动力情况的测量和认识。

(2)海洋环境监测内容、方法和意义。

学生准备工作：

(1)准备必要的野外实习用品。

(2)预习海水运动的基本特征。

(3)预习《分析化学》中有关样品采集和仪器分析的内容，以及《海洋地球化学》中海洋的化学组成和海洋生物地球化学相关内容。

意义：河口区水动力情况的测量和认识观察点。

观察内容：

(1)河口区水体流速的测量。

(2)河口区温度、盐度、深度的测量。

位置：秦皇岛海洋环境监测中心(图 3-12-1～图 3-12-2)。

意义：采样船只、设备以及海洋环境常规检测项目分析测试仪器的参观学习地。

观察内容：

(1)样品采集及储存运输所用的船只、设备。

(2)样品分析测定所用的仪器设备及相关分析流程。

图 3-12-1　秦皇岛海洋环境监测中心位置图

图 3-12-2　秦皇岛海洋环境监测中心

教学过程及内容要点：

一、样品的采集、储存及运输方式及相关知识

本小节内容主要引自中华人民共和国国家标准《海岸监制规范第 3 部分："样品采集、贮存与运输"》(GB 17378.3—1998)相关内容。

1. 一般规定

1)采样程序

从海洋环境中取得有代表性的样品，并采取一切预防措施，避免在采样和分析的时间间隔内发生变化，是海洋环境调查监测的第一关键环节。

采样程序应包括以下几个主要方面：确定采样目的、样品采集的时空尺度、采样点的设置、现场采样方法及质量保证措施。

(1)在设计采样程序时，首先要确定采样目的，采样目的是决定采样地点、采样频率、采样时间、样品处理及分析技术要求的主要依据。

(2)采样目的通常分为环境质量控制、环境质量表征以及污染源鉴别 3 种类型。

(3)环境质量控制指对某海域的一个或几个环境要素的浓度进行反复核查，核查结果决定是否要及时对环境状况采取相应措施。环境质量表征是为了长期控制环境质量，分析评价污染物在海洋环境中的时空分布现状，并预测海洋环境状况的发展趋势。污染源鉴别是为了确定污染物排放特征，追溯污染物的污染途径。

(4)鉴于海洋环境中的采样目的不尽相同，样品类型及分析方法各异，因此不可能对所有水质样品的采集过程规定出十分详尽的步骤。也就是说，没有一个采样程序适合于所有类型的水质样品的采集。

2)安全措施

水质、沉积物及生物等采样，必须制定相应的安全规章制度，并认真执行。

(1)必须认真考虑在各种天气条件下，确保操作人员和仪器设备的安全。在大面积水体上采样，操作人员要系好安全带，备好救生圈，各种仪器设备均应采取安全固定措施。在冰层覆盖的水体采样之前，首先要仔细检查薄冰的位置和范围。如果采用整套呼吸装置和其他潜水装置进行水下采样，必须经常对其可靠性进行检查和维修。

(2)采样船在所有水域采样时，要防止商船、捕捞船及其他船只靠近，要随时使用各种信号表明正在工作的性质。

(3)要尽量避免在危险岸边等不安全地点采样。如果不可避免，不要单独一个人，可由一组人采样，并要采取相应措施。若具备条件，尽量在桥梁、码头等安全地点采样。安装在岸边或浅水海域的采样设备，要采取保护措施。

(4)采样时要采取一些特殊防护措施，避免某些偶然情况出现，例如腐蚀性、有毒、易燃易爆、病毒及有害动物等对人体的伤害。

(5)使用电操作采样设备，在操作和维修过程中，要加强安全措施。

2. 水质样品

1)样品类型

(1)瞬时样品：瞬时样品为不连续的样品。无论在水表层或在规定的深度和底层，一般均应手工采集，在某些情况下也可用自动方法采集。考察一定范围的海域可能存在的污染或者调查监测其污染程度，特别是在较大范围采样，均应采集瞬时样品。对于某些待测项目，例如溶解氧、溶解硫化氢等溶解气体的待测水样，规定采集瞬时样品。

(2)连续样品：连续样品通常包括，在固定时间间隔下采集定时样品(取决于时间)及在固定的流量间隔下采集定时样品(取决于体积)，上述常用在直接入海排污口等特殊情况下，以揭示利用瞬时样品观察不到的变化。

(3)混合样品：混合样品是指在同一个采样点上以流量、时间、体积为基础的若干份单独样品的混合。混合样品用于提供组分的平均数据。若水样中待测成分在采集和贮存过程中变化明显，则不能使用混合水样，要单独采集并保存。

(4)综合水样：综合水样指把从不同采样点同时采集的水样进行混合而得到的水样(时间不是完全相同，而是尽可能接近)，有时一个合适的综合水样可能会提供更加有用的数据。

2)样品的要求

表征某一环境不可能检查其整体，只能取出尽量小的一部分，用以代表所要表征的整体。样品一旦采完，必须保持样品与采样时尽量相同的状态。

合格的样品要具有较高的代表性和真实性。欲使所得样品对所要表征的整体具有代表性，必须对被监测的海域水体的采样断面、采样点、采样时间、采样频率及样品数目进行周密的考虑与设计，使样品经分析所得数据能够客观地表征水体的真实情况。

样品在采集、贮存和分析测试过程中极易受到沾污，比如来自船体、采水装置、实验设备、玻璃器皿、化学药品、空气及操作者本身所产生的沾污。样品中的待测成分也可因吸附、沉降或挥发而受到损失。从某种意义上来讲，在海洋环境调查监测中，样品的质量保证就是克服样品沾污和损失的全过程。

3)采样位置的确定及时空频率的选择

采样位置的确定及时空频率的选择，首先应在大量历史数据进行客观分析的基础上，对调查监测海域进行特征区划。特征区划的关键在于各站点历史数据的中心趋势及特征区划标准的确定。

根据污染物在较大面积海域分布的不均匀性和局部海域的相对均匀性的时空特征，运用均质分析法、模糊集合聚类分析法等分类方法，将监测海域划分为：污染区、过渡区及对照区。

(1)采样站点的布设：采样的主要站点应合理地布设在环境质量发生明显变化或有重要功能用途的海域，如近岸河口区或重大污染源附近。在海域的初期污染调查过程中，可以进行网格式布点。

影响站点布设的因素很多，但主要应根据下列原则：①能够提供有代表性的信息；②设点周围的环境地理条件；③动力场状况(潮流场和风场)；④社会经济特征及区域性污染源的影响；⑤设点周围的航行安全程度；⑥经济效益分析；⑦尽量考虑测点在地理分布上的均匀性，并尽量避开特征区划的系统边界。

(2)采样时间和采样频率：在水质可能发生变化期间进行采样，既可以反映出水质的变化，又可以花费较小代价，按主观臆想选择采样时间和频率往往会导致盲目性，或者由于过于频繁的采样造成浪费。

采样时间和频率的确定原则：①如何以最小工作量满足反映环境信息所需资料；②技术上的可能性和可行性；③能够真实地反映出环境要素变化特征；④尽量考虑采样时间的连续性。

观测的层次应根据所调查海区的水深、水质垂直变化和调查目的而定。一般原则是：浅层密些，深层疏些；水质变化大的密些，变化小的疏些。国际物理海洋学协会(IAPO)于1936年提出的标准观测层次[以米(m)计]是：0，10，20，30，50，75，100，150，200，(250)，300，400，500，600，(700)，800，1000，1200，1500，2000，2500，3000，4000，以下每千米加一层。加括号的采样层次可酌情取舍。

谱分析具有准确性和简明性，可以作为确定采样时间和频率的一种方法，根据大量资料绘制出污染物入海量的变化曲线，在变化的最高期望或较高期望上确定采样时间和采样频率。

另外，运用多年调查监测资料，以合适的参数作为统计指标，进行时间聚类分析。根据时间聚类结果也可以确定采样时间和采样频率。还可以运用其他统计学方法进行统计学检验进而确定采样时间和频率。

用于环境质量控制的采样频率一般要高于环境质量表征所需的采样频率；污染源鉴别采样程序与环境质量控制、环境质量表征程序不同，影响确定采样时间和采样频率的因素很多，其采样频率要比污染物出现的频率高得多。

4)采样装置

(1)水质采样器的技术要求：①具有良好的注充性和密闭性，采样器的结构要严密，关闭系统可靠，且不易被堵塞，海水与采样瓶中水交换要充分迅速，零件应减少到最小数目；②材质要耐腐蚀、无沾污、无吸附，痕量金属采水器应为非金属结构，常以聚四氟乙烯、聚乙烯及聚碳酸脂等为主体材料；如果采用金属材质，则在金属结构表面加以非金属材料涂层；③结构简单，轻便，易于冲洗，易于操作和维修，采样前不残留样品，样品转移方便；④能够抵抗恶劣气候的影响，适应在广泛的环境条件下操作；能在温度为 0～40℃、相对湿度不大于 90%的环境中工作；⑤价格便宜，容易推广使用。

(2)采样器类型：通常使用的水质采样器可分为瞬时样品采样器、深度综合法样品采样器以及选定深度采样器 3 种类型。

瞬时样品采样器：又包括近岸表层采水器、抛涂式采水器。近岸表层采水器是在可以伸缩的长杆上连接包着塑料的瓶夹，采样瓶固定在塑料瓶夹上，采样瓶即为样品瓶。抛浮式采水器是将采样瓶安装在可以开启的不锈钢做成的固定架里，钢架以固定长度的尼龙绳与浮球连接，通常用来采集表层石油烃类等水样。

深度综合法样品采样器：深度综合法采样需要一套用以夹住采样瓶并使之沉入水中的机械装置，加重物的采样瓶沉入水中，同时通过注入阀门使整个垂直断面的各层水样进入采样瓶。为了使水样在各种深度按比例采取，采样瓶沉降或提升的速度随深度不同也应相应变化，同时还应具备可调节的注孔，用以保持在水压变化的情况下，注入流量恒定。

在无上述采样设备时，可以采用开-闭式采水器分别采集各深度层的样品，然后混合。开-闭式采水器是一种简便易行的采样器，两端开口，顶端与底端各有可以开启的盖子。采水器呈开启状沉入水中，到达采样深度时，两端盖子按指令关闭，此时即可以取到所需深度的样品。

选定深度定点采水器(闭-开-闭式采水器)：固定在采样装置上的采样瓶呈闭合状潜入水体，当采样器到达选定深度，按指令打开，采样瓶里充满水样后，按指令呈关闭状。用非金属材质构成的闭-开-闭式采水器非常适合痕量金属样品的采集。对于选定深度的瞬时样品采集，采用选定深度定点采水器(闭-开-闭式采水器)。

泵吸系统采水器：利用泵吸系统采水器可以获取很大体积的水样，又可以按垂直和水平方向研究水体的“精微结构”进行连续采样，并可与 CTD、STD 参数监测器联用，使之具有独特之处。取样泵的吸入高度要最小，整个管路系统要严密。

5)采样缆绳及其他设备

为防止采样过程的样品沾污，水文钢丝绳应以非金属材质涂敷或以塑料绳代替。使锤应以聚四氟乙烯、聚乙烯等材质喷涂。

水文绞车也应采取防沾污措施。

6)采样瓶的洗涤与保存

采样瓶的洗涤按照规定要求进行洗涤。每次采样完毕应将采样瓶放入塑料袋中保存，且勿与船体或其他沾污源直接接触。

7)现场采样操作

每次采样前均应仔细检查装置的性能及采样点周围的安全状况。

岸上采样：如果水是流动的，采样人员站在岸边，必须面对水流动方向操作。若底部沉积物受到扰动，则不能继续取样。

冰上采样：若冰上覆盖积雪，可用木铲或塑料铲清出面积为1.5m×1.5m的积雪地，再用冰钻或电锯在中央部位打开一个洞。由于冰钻和锯齿是金属的，这就增加了水质沾污的可能性，冰洞打完后用冰勺(若取痕量金属样品，冰勺需用塑料包覆)取出碎冰。此时要特别小心，防止采样者衣着和鞋帽沾污了洞口周围的冰，数分钟后方可取样。

船上采样：由于船体本身就是一个重要污染源，船上采样要始终采取适当措施，防止船上各种污染源可能带来的影响。小船采样，采痕量金属水样尽量避免使用铁质或其他金属制成的小船；大船采样，采用向风逆流采样，将来自船体的各种沾污控制在一个尽量低的水平上。

当船体到达采样站位后，应该根据风向和流向，立即将采样船周围海面划分成：船体沾污区、风成沾污区和采样区3个部分，然后在采样区采样。或者发动机关闭后，当船体仍在缓慢前进时，将抛浮式采水器从船头部位尽力向前方抛出，或者使用小船离开大船一定距离后采样。在船上，采样人员应坚持向风操作，采样器不能直接接触船体任何部位，裸手不能接触采样器排水口，采样器内的水样先放掉一部分后，然后再取样。

8)样品的贮存与运输

(1)样品容器的材质选择。贮存水质样品容器材质的选择按下述原则：①容器材质对水质样品的沾污程度应最小；②便于清洗和容器壁的处理；③容器的材质在化学活性和生物活性方面具有惰性，使样品与容器之间的作用保持在最低水平。

在选择贮存样品容器时，还应考虑对温度变化的应变能力、抗破裂性能、密封性、重复打开的能力、体积、形状、质量、供应状况、价格和重复使用的可能性。

大多数含无机成分的样品，多采用聚乙烯、聚四氟乙烯和多碳酸酯聚合物材质制成的容器。常用的高密度聚乙烯，适合于水中硅酸盐、钠盐、总碱度、氯化物、电导率、pH分析和测定的样品贮存。对光敏物质多使用吸光玻璃质材料。

常用玻璃质容器适合于有机化合物和生物品种样品的贮存。塑料容器适合于放射性核素和大部分痕量元素及常规测项的水样贮存。带有氯丁橡胶圈和油质润滑阀门的容器不适合有机物和微生物样品的贮存。

(2)样品容器的洗涤。为了最大限度避免样品受沾污，新容器必须彻底清洗，使用的洗涤剂种类取决于待测物质的组分。

对于一般性用途，可用自来水和洗涤剂清洗尘埃与包装物质，然后用铬酸和硫酸洗涤液浸泡，再用蒸馏水淋洗。使用过的容器，在器壁和底部多有吸附和附着的油分、重金属及沉淀物等，根据不同的实验要求，一般来说应避免使用；如果必须再使用，必须用刷子充分洗净后方可使用。

对于具塞玻璃瓶，在磨口部位常有溶出、吸附和附着现象，特别是聚乙烯瓶吸附油分、重金属、沉淀物及有机物，难以除掉，要十分注意。

使用聚乙烯容器时，先用1mol/L的盐酸溶液清洗，然后再用(1+3)硝酸溶液进行较长时间的浸泡。供测定微量有机物使用的玻璃瓶，只能用无机试剂清洗。用于贮存计数和生化分析的水样瓶，还应该另用硝酸溶液浸泡，然后用蒸馏水淋洗以除去任何重金属和铬酸盐残留物。如果待测定的有机成分需经萃取后进行测定,在这种情况下,也可以用萃取剂处理玻璃瓶。

(3)水质样品的固定与贮存。水质样品的固定通常采用冷冻和酸化后低温冷藏两种方法。水质过滤样加酸(盐酸或硝酸)酸化,使pH值维持在小于2,然后低温冷藏。未过滤的样品不能酸化,酸化可使颗粒物上的痕量金属解吸,未过滤的水样必须冷冻贮存。

(4)样品运输。空样容器送往采样地点或装好样品的容器运回实验室供分析,都要非常小心。包装箱可用多种材料,用以防止破碎,保持样品完整性,使样品损失降低到最小程度。包装箱的盖子一般都应衬有隔离材料,用以对瓶塞施加轻微压力,增加样品瓶在样品箱内的固定程度。

(5)样品容器的质量控制。每个实验室均要实施一种行之有效的容器质量控制程序。随机选择清洗干净的样品瓶,注入高纯水进行分析,以保证样品瓶不残留杂质。采样和贮存过程中也应该在注入高纯水的样品瓶中加入同分析样品相同试剂进行分析,以考核样品质量的变异程度。

(6)标志和记录。采样瓶注入样品后,应该立即将样品来源和采样条件记录下来,并标志在样品瓶上。现场记录在海洋环境调查监测中非常有用,但是很容易被误放或丢失,绝对不能依赖它们来代替详细资料,采样详细记录必须在从采样时起直到分析测试结束的制表过程中,始终伴随样品。

3. 沉积物样品

1)样品采集

(1)表层样品的采集。采样器类型及其选择:用自身重量或杠杆作用设计的抓斗式工具或其他类型的沉积物采样器,其设计特点各异,包括弹簧制动、重力或齿板锁合方式。这些要随深入泥层的形状以及随所取样品的规模和面积不同,各自不一。

采样器的选择主要考虑以下几个方面:①贯穿泥层的深度;②齿板锁合的角度;③锁合效率(避免障碍的能力);④引起波浪"振荡"和造成样品的流失或者在泥水界面上洗掉样品组成或生物体的程度;⑤在急流中样品的稳定性。在选择沉积物采样器时,对生境、水流情况、采样面积以及采样船只设备均应统筹考虑。常用的抓斗式采泥器与地面挖土设备很相似。它们是通过水文绞车将其沉降到选定的采样点上,通常采集较大量的混合样品能够比较准确地代表所选定的采样地点情况。

表层样品采集操作:①将绞车的钢丝绳与采泥器连接,检查是否牢固,同时测采样点水深;②慢速开动绞车将采泥器放入水中,稳定后,常速下放至离海底一定距离3~5m,再全速降至海底,此时应将钢丝绳适当放长,浪大流急时更应如此;③慢速提升采泥器离底后,快速提至水面,再行慢速,当采泥器高过船舷时,停车,将其轻轻降至接样板上;④打开采泥器上部耳盖,轻轻倾斜采泥器,使上部积水缓缓流出。若因采泥器在提升过程中受海水冲刷,致使样品流失过多或因沉积物太软、采泥器下降过猛,沉积物从耳盖中冒出,均应重采;⑤样品处理完毕,弃出采泥器中的残留沉积物,冲洗干净,待用。

(2)柱状样的采集。柱状采样器可以采集垂直断面沉积物样品。如果采集到的样品本身不具有机械强度，那么从采泥器上取下样器时应小心保持泥样纵向的完整性。

柱状样的采集操作：①首先要检查柱状采样器各部件是否安全牢固；②先做表层采样，了解沉积物性质，若为砂砾沉积物，就不做重力取样；③确定作重力采样后，慢速开动绞车，将采泥器慢慢放入水中待取样管在水中稳定后，常速下至离海3～5m处，再全速降至海底，立即停车；④慢速提升采样器，离底后快速提至水面，再行慢速，停车后，用铁钩钩住管身，转入舷内，平卧于甲板上；⑤小心将取样管上部积水倒出，丈量取样管打入深度，再用通条将样柱缓缓挤出，顺序放在接样板上进行处理和描述，若样柱长度不足或样管斜插入海底，均应重采；⑥柱样挤出后，清洗取样管内外，放置稳妥，待用。

2)样品的现场描述

(1)颜色、嗅和厚度。颜色：颜色往往能反映沉积物的环境条件。嗅：样品采上后，立即用嗅觉鉴别有无油味、硫化氢味及其味道的轻重。厚度：沉积物表面往往有一浅色薄层，能指示其沉积环境。取样时，可用玻璃试管轻插入样品中；取出后，量取浅色层厚度。柱状取样时可描述取样管打入深度，样柱实际长度及自然分层厚度。

(2)沉积物类型。按《海洋调查规范海洋地质地球物理调查》(GB/T 13909—1992)规定执行。

3)生物现象

生物现象包括贝壳含量及其破碎程度、含生物的种类及数量、生物活动遗迹及其他特征。

应将沉积物样品的上述特性清晰、准确、简要地记入采样记录中。

分析样品的采集、处理与制备按《海洋监测规范第5部分："沉积物分析"》(GB 17378.5—1998)要求执行。

4)样品保存与运输

样品的保存：凡装样的广口瓶均需用氮气充满瓶中空间，放置阴冷处，最好采用低温冷藏。一般情况下也可以将样品放置阴暗处保存。

样品的运输：空样容器送往采样地点或装好样品的容器运回实验室供分析，都要非常小心。包装箱可用多种材料，用以防止破碎，保持样品完整性，使样品损失降低到最小程度。包装箱的盖子一般都应衬有隔离材料，用以对瓶塞施加轻微压力，增加样品瓶在样品箱内的固定程度。

样品登记：样品瓶事先编号，装样后贴标签，并用特种铅笔将站号及层次写在样品瓶上，以免标签脱落弄乱样品。塑料袋上需贴胶布，用记号笔注明站号和层次，并将写好的标签放入袋中，扎口封存。认真做好采样现场记录。

4. 生物样品

1)样品采集目的及样品来源

样品采集目的：了解污染物在生物体内的积累分布和转移代谢规律，评价海域污染物含量及其随时间变化的状况，计算污染物在海洋环境中的质量平衡程度，评价海域环境质量。保护海洋生物资源，保护人群健康。

生物样品的来源：①生物测站的底栖拖网捕捞；②近岸定点养殖采样；③渔船捕捞；④沿

岸海域定置网捕捞及垂钓；⑤市场直接购买，包括经济鱼类、贝类和某些藻类。

2)选择样品的一般原则

(1)能积累污染物并对污染物有一定的忍受能力，其体内污染物含量明显高于其生活水体。

(2)被人类直接食用或作为食物链被人类间接食用的海洋生物。

(3)大量存在，分布广泛，易于采集。

(4)有较长的生活周期，至少能活一年以上的种类。

(5)生命力较长，样品采集后依然呈活体。

(6)固定生息在一定海域范围，游动性小。

(7)样品大小适当，以便有足够肉质供分析。

(8)生物种群中的优势种和常见种。

3)样品采集

采样位置：考虑样品的代表性和评价环境质量的需要，采样位置主要应在近岸海域，原则上在水质站位和底质测站都应设置生物测站。选择采样位置要避开局部影响，不要设在紧靠污染源的地方。

采样季节：以生物生长处于比较稳定期采样，一般说来可在冬末初春季节采样，如果为了解在不同季节里生物体内所含污染物的变化情况，在每个季节里都应采样。

样品的年龄和大小：选择生物种群中年龄、大小和重量占优势的类型。

4)采样工具

在采样时应注意采样工具对待测项目的影响，测定金属项目不能使用一般的铁质工具和镀锌、镀铬工具。鱼类和贝类的解剖可以用不锈钢材质的刀具、剪刀等。

5)采样现场的描述

采样时如实记录下采样日期、采样海区的位置和采样深度、采样海区的特征、使用的采样方法、采集的生物种类。如果已做好样品鉴定，应记下样品的年龄、大小、质量、性别等，以及待分析项目、贮存方式、处理方法等。

6)样品的运输

包装好的样品应尽可能迅速地被送回实验室，在运输中应采取有效措施避免腐烂变质。保护好样品及样品包装上的标志，以免发生混乱或损害。

二、海洋环境监测主要内容

随着社会经济的发展，人口的不断增长，在生产和生活过程中产生的废弃物也越来越多。这些废弃物的绝大部分最终直接或间接地进入海洋，在海洋环境中累积循环，在一定程度上污染海洋环境，破坏海洋生态平衡，并通过食物链最终危害人类健康和生产活动。因此，进行海洋环境监测，对保护海洋环境、维持海洋生态平衡、维护人类健康和社会秩序稳定都具有重要意义。常见的海洋污染有油污染、海洋重金属污染、海洋热污染、海洋放射性污染等。海洋环境监测是海洋环境质量评价和保护的前提。常用的海洋环境监测指标有重金属(Cu、Pb、

Zn、Cr、Cd、As、Hg)、有机碳、油类、多氯联苯、狄氏剂(水体)、有机氯农药(666 和 DDT)等。

1. 重金属(原子吸收分光光度法)

海洋环境中的重金属有许多不同的来源,包括大气沉降、工业废水和城市生活污水、海洋交通污染、地下矿产的开采以及海底热液喷发等。研究表明,在受纳水体中,重金属污染物不易降解,能迅速由水相转入固相(即悬浮物和沉积物),最终进入沉积物和生物体中。在受重金属污染的体系中,水相中的重金属含量甚微,而且随机性大,常因排放状况与水动力条件的不同,其含量分布也不同,但沉积物中的重金属含量由于累积作用往往比相应水相中的含量要高,且表现出较强的分布规律。

1)海水样品

通常情况下,海水中重金属含量较低,因此要测定海水中的重金属含量必须对其进行富集。

方法原理:在酸性条件下,海水中的重金属与螯合剂[通常用吡咯烷二硫代甲酸铵(APDC)及二乙氨基二硫代甲酸钠(DDTC)]形成螯合物,之后用萃取剂[通常用甲基异丁酮(MIBK)]萃取分离,再用酸溶液(通常用硝酸溶液)进行反萃取,即可用原子吸收分光光度法进行测定。

2)沉积物样品

方法原理:沉积物中的重金属含量相对较高,通常用硝酸-高氯酸消化后,上机测定。

3)生物样品

方法原理:生物体中的重金属测定也需先将样品用硝酸消化后上机测定。

目前 As、Hg 常用原子荧光分光光度计进行检测。

2. 有机碳

海洋环境中的有机碳主要来源于陆源输入和海洋自生两种。不同的海区不同来源的有机质的含量和分布不同。

1)海水样品——过硫酸钾氧化法

方法原理:海水样品经酸化通氮气除去无机碳后,用过硫酸钾将有机碳氧化生成二氧化碳气体,用非色散红外二氧化碳气体分析仪测定(图 3-12-3)。

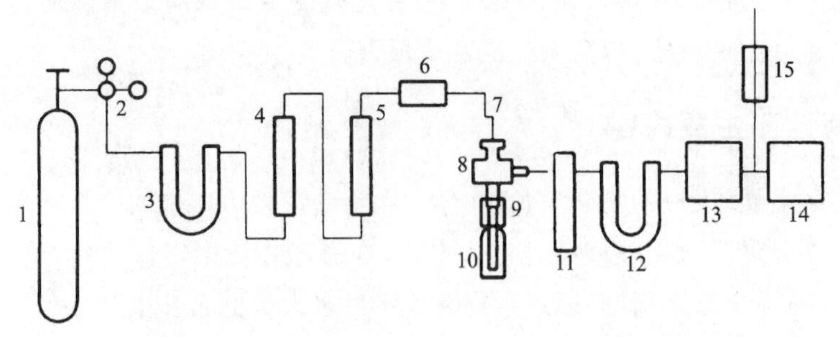

图 3-12-3 二氧化碳测定装置

1. 高纯氮气钢瓶;2. 压力调节阀;3. 活性炭“U”形管;4. 5A 分子筛;5. 碱石棉管;6. 流量计;7. 不锈钢导管;8. 聚甲氟乙烯夹具;9. 弹性胶管;10. 安瓿瓶;11. 盛盐酸羟胺溶液洗气瓶;12. 无水高氯酸镁;13. 二氧化碳气体分析仪;14. 记录仪;15. 尾气流量计

2)沉积物样品——重铬酸钾氧化-还原容量法

方法原理:在浓硫酸介质中,加入一定量的标准重铬酸钾,在加热条件下将样品中有机碳氧化成二氧化碳。剩余的重铬酸钾用硫酸亚铁标准溶液回滴,按重铬酸钾的消耗量,计算样品中有机碳的含量。

3. 油类(荧光分光光度法)

1)海水样品

方法原理:水样中油类的芳烃组分,经环己烷萃取后,在激发波长 310nm 的紫外光照射下,其 360nm 发射波长的相对荧光强度与可萃取油类组分含量成正比。

2)沉积物样品

方法原理:沉积物风干样中的油类经环己烷萃取,用激发波长 310nm 照射,于 360nm 波长处测定相对荧光强度,其相对荧光强度与环己烷中芳烃的浓度成正比。

3)生物样品

方法原理:生物样品经氢氧化钠皂化,用氟里昂萃取。将萃取液中的氟里昂蒸发后,残留物用环己烷溶解,用激发波长 310nm 照射,发射波长 360nm 处用荧光分光光度法测定。

4. 多氯联苯(气相色谱法)

1)海水样品

方法原理:海水样品通过树脂柱,将多氯联苯(PCBs)及有机氯农药附着于树脂上;将样品提取液用丙酮洗脱,正己烷萃取,通过硅胶混合层析柱脱水、净化、分离;浓缩的洗脱液经氢氧化钾-甲醇溶液碱解,浓缩后进行气相色谱测定。

分析流程:

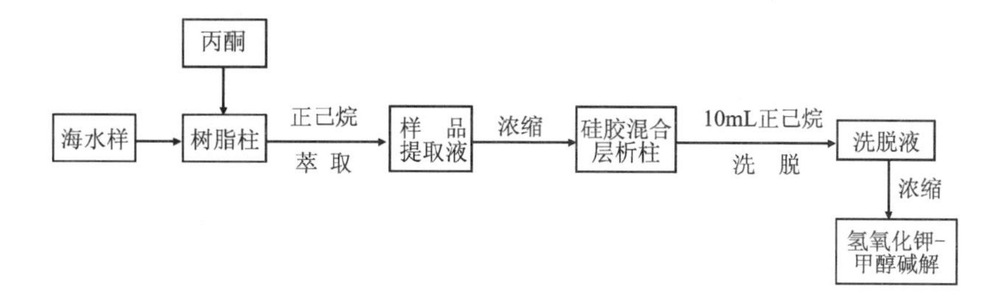

2)沉积物样品

方法原理:沉积物中的多氯联苯(PCBs),用索氏提取法萃取于正己烷-丙酮溶剂中。用层析柱将与 PCBs 一起共萃取的类脂物、色素、有机氯农药、硫和硫化物等干扰物分离出去,将仅含有 PCBs 的样品液注入色谱柱,当其通过电子捕获检测器时,给出响应信号值的大小与 PCBs 含量成正比。

3)生物样品

方法原理:生物样品中的多氯联苯,用索氏提取法萃取于正己烷中,用佛罗里硅土和活性炭柱分离萃取液中的脂肪、色素、有机氯农药等干扰物后,进行多氯联苯的气相色谱测定。

5. 狄氏剂、666 和 DDT(气相色谱法)

1)海水样品

方法原理:海水样品通过树脂柱,将溶解态的狄氏剂被截留于树脂上;用丙酮洗脱,正己烷萃取，通过硅胶混合层析柱脱水、净化、分离，浓缩后进行气相色谱测定。

分析流程：

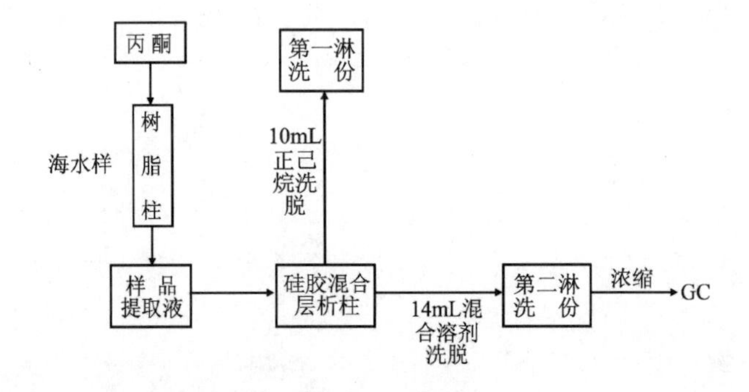

2)沉积物样品

方法原理：沉积物中666、DDT、狄氏剂用正己烷-丙酮混合溶剂作为提取剂，用索氏提取器回流提取，将提取液浓缩，进行柱分离，再浓缩后注入色谱柱被层析分离为具有不同保留时间的一单纯组分。通过电子捕获检测器时，各组分的响应值与各组分含量成正比；将所得色谱图与标准色谱图相比较，计算出各被测物的含量。

第四章　野外地质工作基本方法和技能

第一节　地形图、罗盘和放大镜的使用方法

一、地形图的使用

1. 地形图一般特征

地形图是将地形、地物依据设定的比例按一定的方法投影在平面上，反映地形起伏变化的图件。它是地表地形、地物空间位置的实际反映。地形图按比例尺可分为大比例尺地形图（大于1∶5万）、中比例尺地形图（1∶5万～1∶25万）、小比例尺地形图（小于1∶25万）3个类别[2-6]。地形图既是重要的国家机密图件，也是野外地质工作者的向导及野外收集原始资料和最终地质成果的重要载体。因此，使用者必须按照国家的相关法规依法使用，并承担相应的保管责任。

地形图上地形的起伏变化通常用等高线来表示。等高线具有以下几个特点：①同线等高；②自行封闭；③在同一张地形图内，相邻两根等高线之间始终存在一个恒定的垂直高差值，即等高距。因此，等高线不能相交，不能合并（除悬崖、峭壁外）。在地形图中不同地形的等高线所表示的疏密和弯曲样式不同。以下是一些典型地形的等高线表示方法（图4-1-1）。

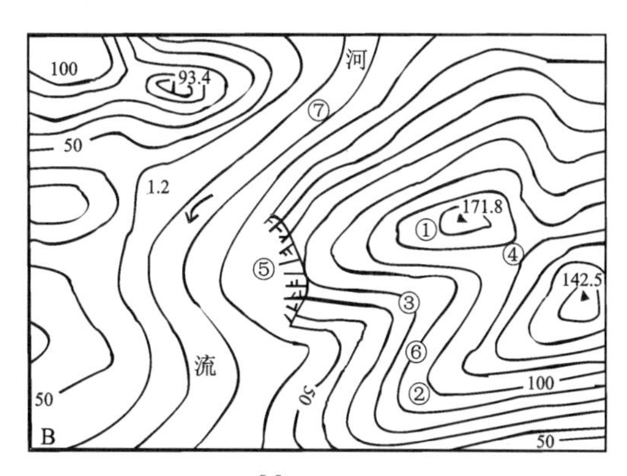

图4-1-1　典型地形（A）与地形图（B）比较识别[2]

①山峰；②山脊；③山谷；④鞍部；⑤绝壁；⑥山坡；⑦河谷

山峰：等高线表现为一组近似于同心状的闭合曲线，且等高线的高程注记从里向外数据依次递减。

盆地（洼地）：等高线表现为一组近似于同心状的闭合曲线，且等高线的高程注记从里向外数据依次递增。

山脊、山谷和山坡：山脊等高线表现为一组向递减方向凸出的曲线；每一条等高线改变方向处的连线就是山脊线。山谷与河谷的等高线表现为一组向递增方向凸出的曲线；曲线改变方向处的连线就是山谷线。山谷和山脊之间的侧面就是山坡，等高线表现为一组近于平行的曲线。

鞍部：两山头之间的低洼处，形似马鞍，称为"鞍部"，其等高线特征是一组双曲线。

绝壁：从实际地形来看，它是近于直立的垂直面，由于不同高程的等高线经垂直投影后合而为一，故只能用规定的绝壁符号表示。

陡坡和缓坡：陡坡等高线距较密，而缓坡则相反，等高线较稀。

2. 读地形图

地形图是野外作业必备的基础资源，用好地形图首先要读懂地形图上的内容。读图目的是为了了解、熟悉工作区的山川地貌和道路村庄的分布情况，以便制订出适合该地区野外地质工作的计划和路线。这样既能保证野外地质工作的安全，又有利于保证野外地质工作的质量，取得最大的工作效果。读地形图的一般原则是：先图框外，后图框内，其步骤如下。

读图名：图名位于图幅的正上方，通常是以图内最重要的地名来命名，如某地区 1∶5 万地形图就被命名为《周口店幅》。

了解比例尺：从比例尺可以了解图幅面积的大小、地形图的精度及等高距，比例尺一般用数字或线条表示。

地形图的图幅位置：地形图上坐标纵线表示地理南北方向，纬度线表示地理东西方向，从图幅上所标注的经纬度可以了解地形图的地理位置。在图幅的左上角标有接图表，表示与相邻图幅的相邻位置关系。

读磁偏角：在不同的地区有不同的磁偏角。在开始野外地质工作前，首先要校正罗盘的磁偏角，以便罗盘测出的方位与实际的地理方位一致。

读图例：图例一般标注在图框的右侧，用不同的符号表示图内不同的地形、地物或特殊标志物。

了解绘图时间：一般标注在图框外的右下角。伴随制图技术的发展，时间越晚，图件制作的精度越高。

3. 地形图的应用

地形图的野外地质工作中主要起到以下几个方面的作用。

布置观察路线：布置野外地质观察路线既要考虑到地质内容，也要考虑到地形情况。地形的陡缓将直接影响地质露头的好坏和徒步穿越的可能性与安全性。陡壁、河谷、公路旁常常有较好的露头，是野外地质工作常往的地方。尽管如此，野外工作人员还是应当尽量从它们旁边选择地质露头好、便于步行、又省力的观察路线。

标注地质观察点：在进行野外地质工作时，除了对野外观察到的地质现象要进行详尽的文字描述外，还要记录观察点的位置并标注在地形图上，这种操作就叫定地质点。在野外定地质点是科学地质工作程序中最基础的工作，否则失去地质点支撑的地质记录将毫无价值。在野外常用的定点方法有两种：地形地物定点法和后方交会定点法。

(1)地形地物定点法:根据观察点与在地形图上标注的特殊地形、地物的相对位置关系确定观察点位置的方法。该方法简单、准确、便捷,是野外地质工作常用的定点法。

(2)后方交会定点法:常用于观察点附近没有明显的地形地物标志的时候,其方法是观察者首先瞭望可以搜索到的所有明显的标识物(如山头、三角点、建筑物等),然后在图上读出标识物在图中的位置,选择其中易于测量和作图的两个标识物 A、B 及其在地形图上的位置 A′、B′,用罗盘测出标识物 A、B 的方位角 α 和 β,在地形图上分别以 A′、B′点为原点,坐标纵线为一边用量角器量出 α 和 β 角并作直线相交,交点即为观察者所在的观察点(图 4-1-2)。

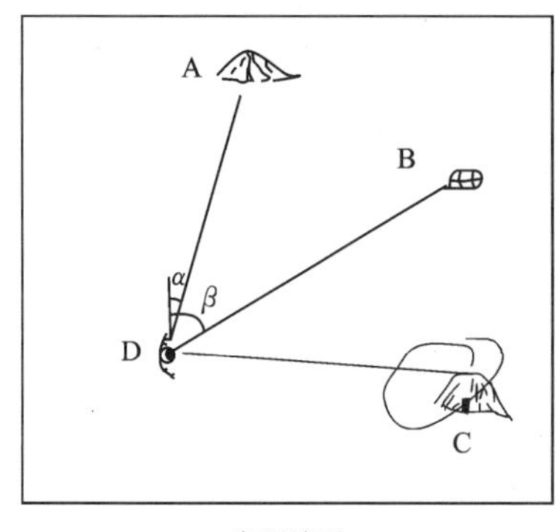

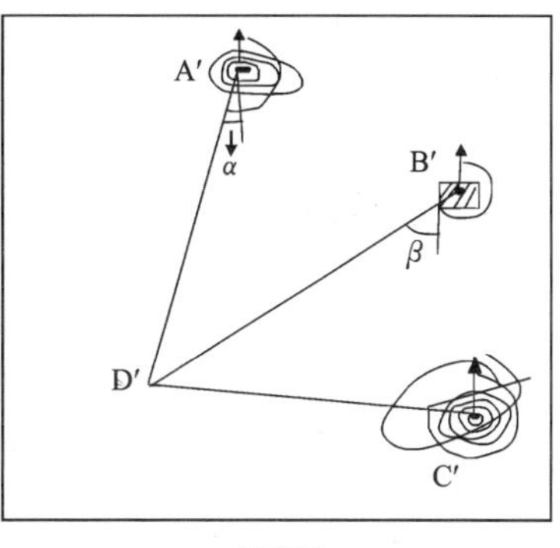

实际地形　　地形图

图 4-1-2　后方交会定点法示意图[3]

利用地形图制作地形剖面:在野外路线地质工作中,为了形象地表达观察到的地质内容,常常要作一些信手地质剖面图。制作这类图件可以在地形图上读出预定的地质路线,按照设定的比例尺在野外记录簿方格纸页上做出图切地形剖面,作为野外观察和修正的基础图形。在野外作业中,再根据实际地形做出修正并把观察到的地质内容对应地绘制到地形剖面图上,就制作成功一幅信手地质剖面图。

编绘地质图:有关利用地形图编绘地质图的知识将在后续课程中学习。

二、罗盘的使用方法

地质罗盘(简称罗盘)是地质工作者野外地质工作中必备的工具,借助它可以测量方位、地形坡度、地层产状、定地质点等,因此每一位地质工作者都应熟练掌握罗盘的使用方法[2-6]。

1. 罗盘的结构及功能

罗盘的式样很多,但结构基本一致。我们常用的罗盘是八角罗盘,由磁针、刻度盘、瞄准器、水准器等组成(图 4-1-3),其主要功能描述如下。

磁针(19):为一两端尖的磁性钢针,安装在底盘中心的顶针上,可自由转动,用来指示南北方向。由于我国位于北半球,磁针两端所受磁场吸引力不等,为求磁针受力的平衡,生产商在磁针的指南针端绕上若干圈铜丝,用来调节磁针受力的平衡,同时也可以借此来标记磁针的南针、北针。

圆刻度盘(12):也称水平刻度盘,用来读方位角。在测量时,由于地形地物是搬不动的,

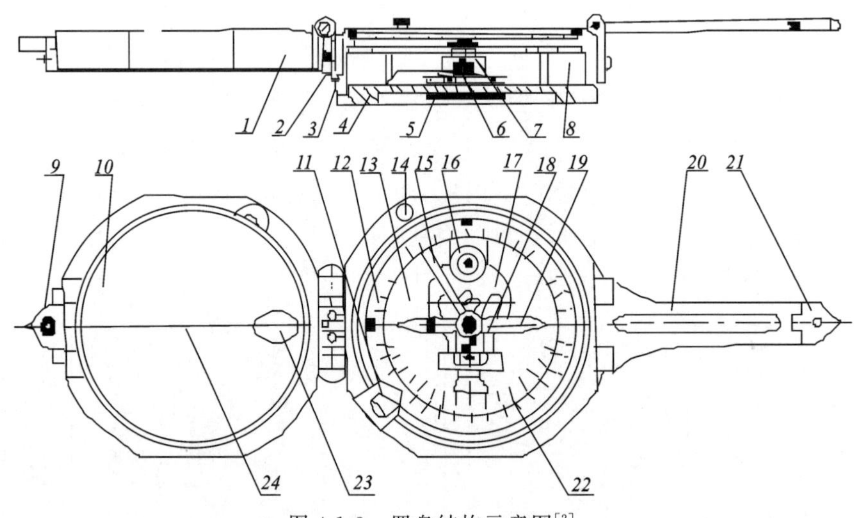

图 4-1-3 罗盘结构示意图[2]

1.上盖;2.联结合页;3.外壳;4.底盘;5.手把;6.顶针;7.玛瑙轴承;8.压圈;9.小瞄准器;10.反光镜;11.磁偏校正螺丝;12.圆刻度盘;13.方向盘;14.制动螺丝;15.拨杆;16.圆水准器;17.测斜器;18.长水准器;19.磁针;20.长瞄准器;21.短瞄准器;22.半圆刻度盘;23.椭圆孔;24.中线

而测量操作时磁针也始终指向南北。测量者只能转动罗盘,当罗盘向东转时,磁针相对向西偏转。故罗盘刻度盘度标注按逆时针方向刻注度数,这样就可以从刻度盘上直接读出实际的地理方位。

半圆刻度盘(22):也称竖直刻度盘,刻在罗盘的方向盘(13)上,用来测量倾角和坡度角。半圆刻度盘以水平为0°,以垂直为90°。

长瞄准器(20)和短瞄准器(21):在测量方位角时用来瞄准所测物体,使被测物体、长瞄准器或短瞄准器和观察者三点在一条直线上。

反光镜(10)、椭圆孔(23)和中线(24):反光镜起映像作用,椭圆孔和中线用以瞄准被测物和控制罗盘,以控制测量的精度。

圆水准器(16)和长水准器(18):前者用来保持罗盘水平,后者用来指示测斜器(17)保持铅直位置。

制动螺丝(14):起固定磁针作用,以保护顶针,减少磨损。

磁偏校正螺丝(11):用来转动刻度盘,校正磁偏角。

2.罗盘的用途

校正磁偏角:由于地球的磁南北极(或磁子午线)与地理的南北极(或真子午线)不相重合,产生磁子午线与真子午线相交,其交角称该地的磁偏角(图 4-1-4),地球表面各地的磁偏角都不一样。我国大部分地区的磁偏角都是向西偏,只有极少数地区(如新疆)是东偏。用罗盘测出的方位角是磁方位角,而地形图采用的是地理坐标,为了能够从罗盘上直接读出地理方位角,在一个地区工作前先要根据地形图提供的磁偏角对罗盘进行校正。磁偏角的校正方法见图 4-1-4,如磁偏角向西偏时,用小刀或起子按顺时针方向转动磁偏校正螺丝,使圆刻度盘向逆时针方向转动磁偏角度数即可。若地形图上提供了子午线收敛角(即图面坐标纵线与真子午线的夹角)，则在校正时再加上这个角(图 4-1-4)。

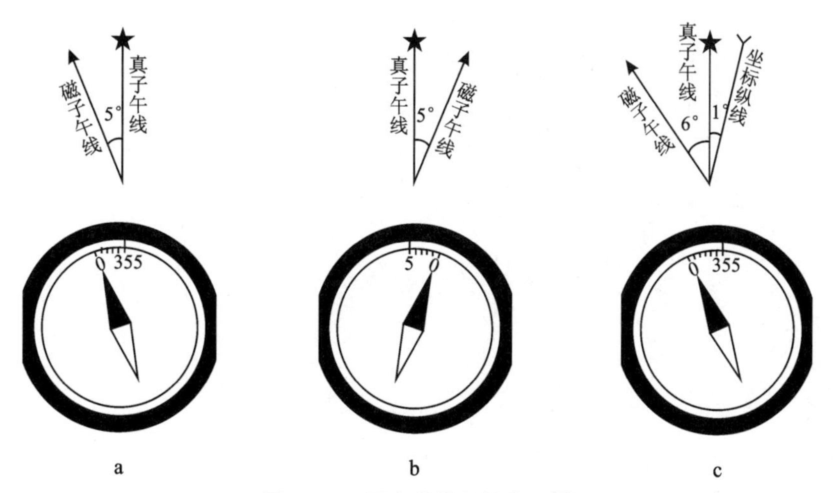

图 4-1-4 罗盘磁偏角的校正[3]

a. 磁偏角西偏 5°；b. 磁偏角东偏 5°；c. 北戴河的磁偏角

测量方位角：测量方位角的步骤为：①打开罗盘盖；②旋松制动螺丝(14)，让磁针自由转动；③手握罗盘，并置于胸前，保持罗盘水平；④罗盘长瞄准器对准物体；⑤转动反光镜，使物体和长瞄准器都映入反光镜，并从反光镜观察到物体、长瞄准器上的短瞄准器的尖端与反光镜中线重合，此时须稳定姿势等待磁针稳定即可读数；⑥按下制动螺丝，读取方位角数据。

测量岩层产状要素：岩层的产状要素包括走向、倾向和倾角。测量走向时，将罗盘的南北向边与岩层面紧贴，然后慢慢转动罗盘，使圆水准器气泡居中，磁针停止摆动，这时磁针所指度数即为岩石走向。测量倾向时，将罗盘上盖或与上盖靠近的底盘东西向边与岩层面紧贴，然后慢慢转动罗盘，使圆水准器气泡居中，磁针停止摆动，这时磁针所指度数即为岩层倾向。当测量完倾向后马上把罗盘转动 90°，使罗盘的长边紧靠岩层面，转动罗盘底盘面的手把，使罗盘水准器(长水准器)气泡居中，这时测斜器上的游标所指的半圆盘上的度数即为倾角度数。由于走向与倾向的度数差为加减 90°，因此在实际操作时只需要测量倾向和倾角即可。若被测岩层的层面凹凸不平时，可把野簿置于岩层面上当作平均岩层面，以提高测量的准确度和代表性。

测量地形的坡度：地形的坡度是指地形的起伏面与水平面一夹角。测量坡度的方法是：在测量坡度区段的两端各站一人手握直立张开的罗盘；长瞄准器指向测量者的眼睛。视线从长瞄准器通过反光镜的椭圆小孔。瞄准被测人的头部，并使短瞄准器尖端与椭圆孔中线重合，转动底盘面上的手把，使罗盘水准器(长水准器)气泡居中，这时测斜器上的游标所指的半圆盘上的度数即为地形坡度的角度数。

三、正确使用放大镜的方法

手持放大镜是野外地质工作必备的工具之一，通常使用的放大镜有放大 5 倍、放大 5～10 倍和放大 10～20 倍 3 种类型。放大倍数越大的放大镜，其镜片的曲面半径愈小，焦距愈短，景深也愈小，只有把放大镜置于非常靠近眼睛的位置才能清晰地看到放大了的现象，因此必须正确地掌握放大镜的使用方法。使用放大镜观察岩石、矿物、生物化石及其结构和构造时，一般左手持需要观察的标本，右手的大拇指和食指夹持打开的放大镜，右手的中指轻轻地压在被观察物表面上，始终与左手成不离不弃之势。同时移动左右手，使放大镜靠近眼睛至看到放大的现象为止，与此同时可微微弯曲中指，调解放大镜与观察物之间的距离即可得到最佳稳定、清晰放大后的现象。

第二节　野外记录簿的使用和地质绘图

一、野外地质记录中文字描述

1. 野外记录簿的构成和使用规范

野外记录簿是野外地质工作被规定用来承载原始资料最重要的载体，地质工作人员有责任将观察到的各种地质现象客观、准确、清楚地记录在专用的野外记录簿上。野外记录的质量直接关系到地质工作成果的质量，也直接反映了地质工作人员的科学态度和工作作风。

野外记录簿（简称野簿）是由主管部门专门提供的只作为野外作业时使用的记录簿。它有50页本和100页本两种基本规格。野簿的内封皮是责任栏目，每一本野簿在开始使用前都应按要求明确无误地填写内封皮上的各个栏目，即明确使用人的责任，同时也为查找提供方便。野簿的第1、2页为目录页，目录页通常可承受着野外工作的进展，可以边记录边编写目录，也可以在该野簿使用完毕后一次编写。野簿的3～50页或100页为记录页。簿尾附有常用三角函数表、常用计算公式和倾角换算表。

中国地质大学统一制订的野簿记录页划分为文字描述页和方格坐标纸页。文字描述页有4个功能区：页眉区、左批注栏、文字记录栏、右批注栏。

页眉区：位于文字描述页上方，专用记录工作当日地点、日期和天气情况。

左批注栏：位于文字描述页左侧的竖直通栏，常用于编当日目录或注释。

文字记录栏：位于文字描述页中部，记录描述正文。

右批注栏：位于文字描述页的右侧，专用于补充、修订或更正描述正文之用。

方格坐标纸页用于野外绘制各种图件，用以配合、补充文字描述，可以更客观全面地反映观察到的地质现象。

野外记录簿要求用“2H”铅笔书写。在野外记录过程中，必须先仔细观察，再做记录；做到边观察，边测量，边记录。少记或者回到室内后凭印象补记，或者不用铅笔记录都是不符合要求的。野外记录簿在项目工作结束后，应及时上缴档案部门保管，不得涂改、缺页，更不能遗失。

2. 野外编录

地质工作项目涉及的范围大，工作期间长，一个地质研究项目往往需经一至数年，且有多个作业组合作完成。因此在一个野外地质项目开始之初，首先应当制订完善的野外地质编录规划和野外地质编码分配方案，以保证全部野外地质记录的完整、清晰、有序，避免因事后发现野外原始记录编录的混乱而出现不应有的损失。

在野外地质工作中，需要进行统一编录的类别很多，比较常用的类别有野外作业种类编录(如路线、地质点、剖面等)、采集标本类(如化石、岩石、矿物等)、分析样品类(如岩石薄片样、光片样、化学分析样、重砂样等)。在野外地质工作过程中，因新的工作内容需起用新的编录号时，应及时通知各作业组和全体技术人员，不得擅自起用新的编录类别及序号。

目前野外地质工作还没有统一的野外地质编录规范，但部分野外作业的编录方式在地质行业中已经成为了一种约定俗成的习惯，如编码代号一般为编码名称的首字汉语拼音的第一个字母的大写，或该编码名称的英文单词的第一个字符的大写，以阿拉伯数字或罗马字的大写数字为序号。如两个编码代号的首字为相同拼音字母时，则应将编码名称的首字的汉语拼音的第二个字母的小写字符附加在大写字符之后。如地质点的编码代号可为“D/NO”，地质剖面的编码代号规定可为“P”，化学分析样的编码代号可为“Ha”，重砂分析样的编码代码可为“Zh”。现将常用编码代号简介如表 4-2-1 所示。

表 4-2-1 常用编码代号表

编码类别	编码代号	注释
路线	L2	第二条观察路线
地质点	D015	第十五个地质点
	NO015	
地质剖面	PⅡ	第二号地质剖面
化石	H-PⅡ-1-3	第二号地质剖面第一层第三块化石标本
	F-PⅡ-1-3	
矿物	K-PⅡ-1-3	第二号地质剖面第一层第三块矿物标本
岩石	Y-PⅡ-1	第二号地质剖面第一层岩石标本
	R-PⅡ-1	
岩石薄片	B-PⅡ-1	第二号地质剖面第一层岩石薄片鉴定样
化学分析样	Ha-PⅡ-1	第二号地质剖面第一层化学分析样
重砂分析样	Zh-PⅡ-1	第二号地质剖面第一层重砂分析样

综上所述，制订统一的野外编码和序号，并把它分配到个人或作业组是野外地质工作前期准备工作的重要环节之一。在野外作业期间对野外编码的使用还需要严格管理，有序使用。轻视或忽略地质编码规则的野外地质作业都可能导致地质记录的混乱，致使大量原始记录被近乎废弃，结果造成野外地质工作人力、物力、财力和时间的损失。

3. 文字记录格式

野簿上的文字记录是野外地质工作记录的原始资料，它不仅是本期地质工作使用者本人要经常查阅的基础资料，同时也是地质工作一切结论最原始的证据。因此，野外地质记录在野外工作结束乃至在野簿归档以后还会继续被提供给他人审阅或查对，故野簿的记录一定要遵循一定的格式，使之规范化。现将常用的野外记录格式简要介绍如下。

1)文字记录的开启部分

(1)每天的野外作业开始前应在当日记录的首页页眉区填写当日的日期、天气及作业地点。

(2)在文字描述区第一行依次写明路线号、路线编码号、路线或剖面名称。

(3)另起一行写明路线或剖面经过的主要地点,注意在这里所列举的地点一般应当是在地形图上已经被标出地名的地点。

(4)另起一行写明参与当日工作的技术人员,明确责任。

(5)另起一行记录当日野外作业的任务。

2)定点描述内容

观察点是野外进行详细观察的地点。通常选择在重要地质界线的出露点,如地层、构造、地貌等界线的出露点。利用地形、地物或后方交会法在地形图上确定地质点的位置,并用直径 2mm 的小圆圈清晰地标注在地形图上,同时将地质点序号标注在小圆圈旁边。完成以上工作程序后即可进行以下文字描述操作。

地质点编号:另起一行在行内居中画一个长方形框,在框内记录地质点号。

点位:另起一行简述确定该地质点的依据。

点义:另起一行简述定点观察的地质意义。

观察内容:另起一行首先将沿途所观察到的各种地质现象及其变化客观、准确、清楚地记录在野簿上,然后记录本点所见各种地质现象。

3)各类数据记录格式

野簿记录规定:各类实测的产状数据和野外发现的生物化石名称都必须另起一行单独记录。采集的各类标本的编号可单独记录一行,也可标注在右侧的批注栏内。

4)补充与修正

野外地质记录在离开记录的地质点后,记录正文是不能涂改的。如若在后来的室内研究中有新的资料需要对野外记录给予补充或修正时,补充或修正的内容可批注在左侧或右侧的批注栏中。

二、地质素描图及绘图技巧

野外地质现象具有鲜明的个性,复杂的地质作用使得我们在野外几乎找不到两个几何形状完全一致的野外地质现象。正因为如此,我们才能感觉到地质工作的无穷魅力,并产生永无止境的探索欲望。地质现象的几何形状是不可能通过“文字描述→阅读→理解→重新绘制”这样简单的程序克隆出来的,它只能通过实地照相或绘画的方式才能被记录下来。因此,在野外地质作业时,为了清晰、形象地把观察到的地质现象表示出来,常常采用照相或绘制各种图件来补充描述。野外绘制的图件因为受到条件的限制,通常是用铅笔绘制再现地质现象的图像,所以它们被称为“地质素描图”。

地质素描图与照片有明显的区别,照片反映地质现象的优越性在于真实,但照片无法实现地质现象主体图形的有效提取。地质素描图与照片不同,它可以通过使用一些特定的符号和代号分别实现有效地质信息的提取。因此,地质素描图较之照片能够起到简洁、直观、明了、形象地描述地质现象的作用,是照片所不能替代的。地质素描图的种类有很多,比较常用的种类有景观素描图、断面素描图、结构或构造示意图、平面示意图和信手地质剖面图等[2—6,24]。无论何种素描图,它们都必须具备以下内容:图名、比例尺、方位、图例和绘制地质内容的图形(主图)5个部分,且要求图面内容正确、结构合理、线条均匀清晰、整洁美观。地质素描图的图面结构布局比较灵活,应以主题突出、结构合理美观为主,不必拘泥于一种固定的格式。现将作图的基本技巧简介如下。

1. 绘图步骤

取景:取景的作用是协助提取地质现象,引导正确的布局。对于初学者,取景还可以帮助他们正确地把地质现象变化的要点投影到坐标方格纸上。野外作业随身携带的可以作为取景器的工具有很多,如直尺、卷尺、铅笔、地质锤和手等都可以方便地用来作为取景器。

测量方位:用罗盘的长边平行于所绘画面主体地质现象或地貌的延伸方向即可量出素描图的方位。

绘图:地质素描图规定应绘制在坐标方格纸上。绘图之前应根据绘制地质现象的复杂程度确定图面的大小,一般原则是在清楚、美观地表达全部地质内容的前提下尽可能地确定一个相对小的合适的图面范围。初学者可能比较难以掌握,但只要多练习就会熟能生巧。地质素描图可以是有框素描图,也可以是无框素描图,或半框素描图,采取何种形式以绘制者的审美情趣而定,并无定式。

为了能够简便易行地获取一份素描图,建议采用如下程序:①根据取景把地质现象变化的要点投影到坐标方格纸上;②连接相关要点勾绘图形轮廓;③重点表示需要突出的地质现象的点或线;④填绘特定的符号和代号;⑤图面修饰,使素描图更清晰美观;⑥估算比例尺、标出方位、图名、图例和地物名称。

选择合适的地方书写图名和绘制图例:一个完整的图名应冠以素描图所在地的县(市)、乡(镇)、行政村和地形地物名称,便于他人查对和使用。

估算比例尺:地质素描图通常不能在事先确定比例尺的情况下绘制,它的比例尺是在素描图绘制完成后根据图面大小与露头的实际大小估算出来的,估算的方法大致有两种。第一种方法适用于可以用尺子直接度量的小型露头,可根据丈量所绘现象某部位的长度与图形中相应部位所占坐标方格纸的多少直接换算出素描图比例尺。第二种方法适用于不可能直接迅速丈量的大型地质现象出露区,其方法是首先在地形图上将所绘素描图的位置,用直尺根据方位截取所绘现象某部位的长度,按照地形图的比例尺换算出实际长度,再与素描图中相应部位所占坐标方格纸的多少比较换算出素描图的比例尺。

2. 地质素描图类型

断面素描图:断面素描图是以特定的符号和代号为主要构件的一种相对简约的地质素描图。这类图件比较适合于绘图基础相对较弱的作图者。制作这类图件的原则是把所要表达的地质现象水平投影到平行于素描方位的理想铅垂面上。制作时只要把相邻地质体的界线勾绘清晰,充填上特定的符号和代号,估算出比例尺,标出方位、图名、图例和地物名称即可完成。断面素描图应简洁明了,重点突出,无干扰因素且简便易行,在地质素描绘画中是应用最广泛的一类。

景观素描图：以铅笔线条为主要表现手法画出相邻地质体的三度空间关系的地质素描图称为景观素描图。景观素描图具有明显的立体感，与绘画的地质体有较好的镜像关系，便于识别，它比较适用于宏观地质现象的素描图制作。绘制景观素描图的难度相对于断面素描图要大得多，需要由简入繁，循序渐进，只要多加练习就能取得理想的效果。

平面示意图：平面示意图是把地质现象垂直投影到水平面而绘制的素描图。平面示意图指在表示地质内容的相对位置关系，如图 3-4-15 是秦皇岛市北戴河老虎石连岛沙坝平面示意图。平面示意图的绘制方法比较简单，首先，根据要表达的地质内容选取绘图范围，根据要表达的地质内容的复杂程度确定图面相对大小，用取景方法正确地把地质现象变化的要点投影到坐标方格纸上；然后，连接相关接点勾绘地质界线，填绘特定的符号、代号或注释，估算比例尺、标出方位、图名、图例和地物名称即可完成。

信手地质剖面图：信手地质剖面图是把路线地质观察所收集到的地层、构造及地层接触关系等地质现象实事求是地反映在地形剖面图上构成的图件。由于剖面图上表达地质内容的相对距离是根据目估、步测或图切度量的方法获取，非实地测量数据，故称信手剖面图。信手地质剖面图中的地质内容必须真实可靠，可以适度地简化复杂的地质现象，突出主体内容，删除次要信息，使图面地质内容更清晰明确，但不可虚构，更不能画蛇添足。

信手地质剖面图的制作步骤如下：

(1)在地形图上读出预定的地质路线，按照设定的比例尺在野外记录簿方格纸页上做出图切地形剖面，作为野外观察和修正的基础图形。

(2)根据沿途观察及步测或目测按比例尺标出地层界线、断层和重要地质界线的分界点。根据剖面图方位和产状用量角器画出地层、断层和其他需表示的地质界线，界线长一般为 1.5～2.0cm。

(3)平行地层界线填绘地层的岩性花纹(长度一般为 1～1.5cm)、岩层序号和地层代号。

(4)将测量的产状和采集的标本注在剖面图上与测量或采集地点相对应的位置。

(5)标注比例尺、剖面图方位、图名、图例和地物名称(图 4-2-1)。

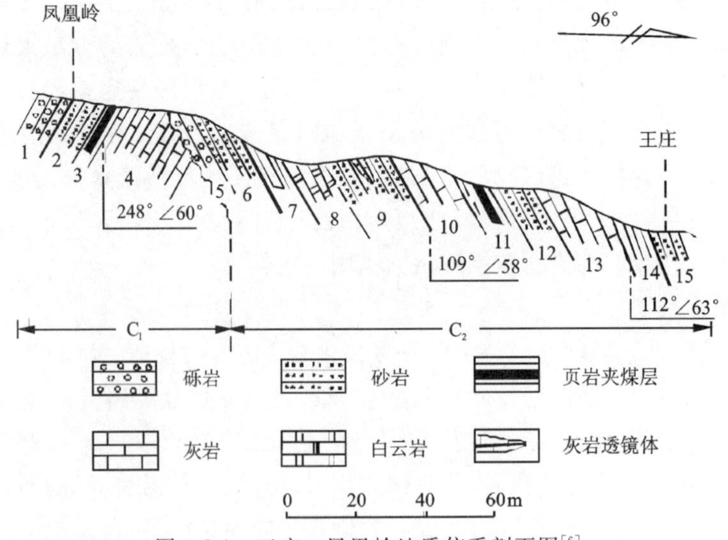

图 4-2-1 王庄—凤凰岭地质信手剖面图[6]

三、室内整理

野外收集的原始记录在回到基地以后应当及时进行室内整理。室内整理的任务是补充因为天气的突然变化没有来得及记录的部分内容，查找是否有漏记、错记，及时补充或修正。注意：室内整理时补充、修正的记录只能记在左侧或右侧的批注栏内，并注明“补充”或“修正”等字，避免与描述正文混淆。室内整理的另一项工作就是要把野簿上记录的产状、标本、岩层厚度等数据类记录和地质素描图全部上墨。上墨的方法是用绘图笔沾绘图墨水或碳素墨水笔按野外的铅笔线条逐一填写或勾绘，以便永久保存。

第三节　地质标本采集

一、地质标本采集目的和意义

地质工作分野外调查和室内研究两大部分。野外广阔的岩石露头给我们展示了丰富的地质现象。然而，很多地质现象需要进行进一步的室内研究，才能更深入地弄清地质过程的实质。为此，野外标本的采集成为连接野外调查和室内研究极为重要的一个中间环节。能否采集到新鲜的具有代表性的标本是下一步室内研究能否取得准确结果的重要前提条件。特别是在地球化学研究中，有时不同的人往往会对同一层位、同一类型的岩石研究得出差别很大的测试结果。究其原因，除了仪器测试误差等因素外，标本新鲜度和代表性上的差异往往是造成测试结果差异的主要原因。

野外工作期间，由于受到时间、条件、野外作业人员知识水平的限制，尚有许多地质现象在野外用肉眼是观察不到的；或者是受知识能力的局限还需室内深入研究的现象，或者是在野外发现的、重要的、经典的或珍贵的地质现象和地质作用的产物（如奇异的岩石、绚丽的晶体、保存完整的古生物化石等）都应尽可能采集成标本，供室内分析鉴定或公开展示。

二、种类和合适样本的选择

地质标本种类多样，按研究目的的不同可分为观赏性标本和鉴定分析性标本。观赏性标本的目的是展示肉眼可见的代表性岩石、矿物、化石及构造等地质现象。鉴定分析性标本的目的是为了下一步室内的进一步研究、鉴定或分析测试。

野外标本采集有两个原则：

（1）用于室内鉴定分析用标本，强调采集标的代表性，并一定从新鲜的、未风化的地质体上敲打下来，有特殊要求的除外。

（2）对于在野外发现的、重要的、经典的或珍贵的地质现象和地质作用的产物作为标本，采集作业时则要求完整性。

由于研究目的的不同，标本的选择和要求也有所不同。观赏性标本的选择一般较容易把握，只要把最具有观赏性的部分采下来即可，而鉴定分析标本的采集则需要做一定的分析和取舍。

用作鉴定的化石标本的选择较简单，一般选择尽可能完整的标本即可。但需要注意的是化石标本尽可能多采，因为单一的化石有时在确定的地层年代时精度不够，更多的化石种类为确定地层时代提供了多方面的参考，另外多门类化石也有利于地层的古生态研究。

岩石薄片标本的选择要注意两个方面，一是新鲜度，二是代表性。岩石表面遭受风化的程度往往较深，很多矿物和结构构造都遭受不同程度的变化，因此要尽量避开风化强烈的岩石。另外，同一层位岩石或同一岩体在同一岩体的不同部位其矿物组成和结构构造上多少存在一些差异。因此，必须选择最能代表岩石整体特征的部位采集。

分析测试样品主要用于地球化学分析，其要求更高。用于化学分析的样品一般包括岩浆岩、变质岩、化学或生物化学成因的沉积岩，如碳酸盐岩、磷质岩、硅质岩、深海黏土等。除特殊情况外，一般机械沉积的碎屑岩不适合做地球化学分析。有些化学或生物化学成因的沉积岩(如碳酸盐岩)除考虑风化影响外，还要注意后期成岩作用对岩石成分和结构的改造。因此，选择碳酸盐岩标本时一定要仔细观察分析。一般情况下，如果要分析碳酸盐岩原始沉积物的地球化学组成，除选择新鲜的样品外，还应尽量避开后期的方解石晶洞和方解石脉。

一般情况下，野外地质工作区内出露的所有岩性层都应采集岩性标本，以便在室内进一步观察、分析、定名等。

三、野外采集地质标本的基本方法

一般标本采集使用地质锤，有些情况下则必须借助于钢钎，甚至便携式切割机。标本的采集一定要选择合适的打击面，否则不但打不下标本，还容易使标本遭受破坏。另外，无论是观赏性标本还是鉴定分析性标本，采集前均应对其产出状态、产出层位进行野外描述和记录，必要时进行照相或素描，以免采集过程中遭到破坏而使有些现象无法恢复。

一般岩石标本采集没有特殊的讲究，只要能采下来即可。化石标本采集时有所不同，应尽可能地沿层理面用力敲打和剥离。因为古代生物死亡后一般沿层理面保存，尤其是地层顶、底面位置往往是化石保存最多的地方，需特别注意。

四、标本规格、原始数据记录、标本包装和运输

标本的规格也因研究目的的不同而不同。观赏性标本因观察现象规模大小不同，其规格可相差很大。化石标本也没有确定的规格，以尽可能完整为原则，但也最好附带一些围岩。岩石薄片标本的传统规格(高×宽×长)为 3cm×6cm×9cm。尽管在实际采集时这种规格不易把握，但应注意所采的标本形态应尽量接近一小的长方体。长方体的厚度一般要 3cm 以上，这样在室内容易切片。其他标本也均应有一定的厚度，不能太薄，否则在搬运途中很容易破碎而前功尽弃。

在测制地层剖面作业时，规范要求按野外地层分层进行逐层采集。采集的标本应当即按规定的编码和分配序号进行现场编号，并用记号笔将编号写在标本上，或先在标本上贴上1cm 宽的胶布条，再用圆珠笔把编号写在胶布条上，作业簿上另起一行或在右批注栏相应的部位登记标本编号，填写样品采集单(标签)，如图 4-3-1。

标本采集好后，均应用记号笔对其编号。编号常常按地名拼音的首字母开头后跟标本顺

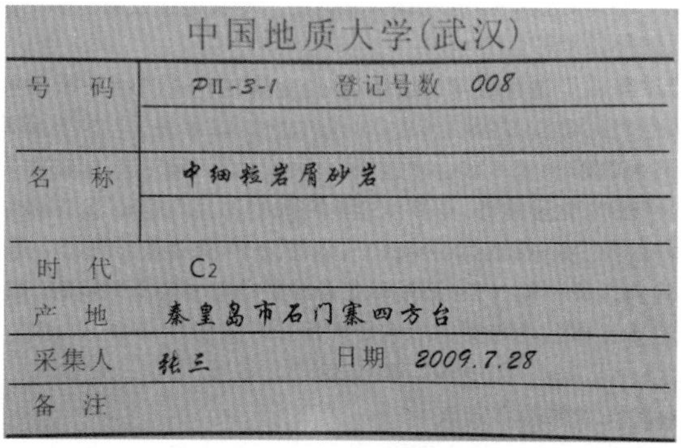

中国地质大学(武汉)

号码	PⅡ-3-1 登记号数 008
名称	中细粒岩屑砂岩
时代	C_2
产地	秦皇岛市石门寨四方台
采集人	张三 日期 2009.7.28
备注	

图 4-3-1 样品采集单[2]

序号,也有人用日期后跟标本顺序号来编号。不管哪一种编号方式,标本上的编号均应在野簿上做出相应的记录。标本的包装应以保证标本完好无损为前提,包装纸应当采用有韧性和柔软的棉纸。包装时应先把样品采集单折叠成小条,用包装纸卷1~2层,然后再包住标本,这样标本和标本采集单就跟随在一起了。

标本采回来后,在基地还需要进行室内整理,整理内容包括在标本的右上角涂上油漆,协商编号;进行标本登记,内容为岩石名称、用途、采集地点、所属时代、采集时间、采集人等。完成上述工作后即可再次包装分类装箱。

包好后的标本要进行装箱托运。装箱最好用木箱,若用纸箱,则每箱标本不宜太重,以免箱子散架。装箱时要使每箱标本均填实,尽量减少空隙,以免晃动磨损。

第四节 常见岩石和矿物的野外鉴定方法

一、常见岩石野外鉴定方法

自然界出露的岩石按其成因可分为三大岩类:沉积岩、岩浆岩和变质岩,它们是组成地壳的主要岩石类型,是各种地质作用发生的物质基础。每一种类可进一步细分为不同的岩石类型,具有不同岩石学名称(表4-4-1)。如何在野外正确识别这些常见的岩石类型是每一位地质工作者必备的基本技能,也是北戴河地质认识实习所要达到的基本要求。

表 4-4-1 常见岩石类型

沉积岩		岩浆岩		变质岩	
碎屑沉积岩	砾岩、砂岩、泥岩、页岩	喷出岩	玄武岩、安山岩、流纹岩	区域变质岩	板岩、千枚岩、片岩、片麻岩
化学沉积岩	灰岩、白云岩、硅质岩	浅成岩	辉绿岩、安山玢岩、花岗斑岩	接触变质岩	大理岩、角岩
生物沉积岩	生物碎屑岩、礁灰岩	深成岩	橄榄岩、辉长岩、闪长岩、花岗岩	动力变质岩	断层角砾岩、碎裂岩、糜棱岩

野外鉴定岩石的基本方法大致分3个步骤进行:首先,观察岩石的露头特征和构造面貌,

初步判断岩石的大类(沉积岩,或岩浆岩,或变质岩);其次,根据岩石的结构面貌和主要矿物组成,基本确定岩石的类型(三大岩类的细分);最后,根据岩石的产状和接触关系,确认岩石的最后定名。

二、北戴河地区常见矿物鉴定方法

野外鉴别矿物是每一位地质工作者必备的基本技能。如何用肉眼快速鉴别矿物是衡量学生是否熟练掌握基本地质工作技能的重要指标。

一般肉眼观察和鉴别矿物时,可借助小刀、指甲、放大镜和盐酸等基本工具。首先判别矿物所在岩石的大类:沉积岩、岩浆岩和变质岩。

沉积岩中常见碳酸盐类矿物(方解石、白云石等)、石英、长石和高岭土、褐铁矿、云母等,一些岩屑实际上也由这些矿物组成。一般碳酸盐类矿物可用稀盐酸鉴别。石英具有突出的油脂光泽。长石具有解理。高岭土、褐铁矿和云母分别可据硬度、颜色和形状加以区别。

岩浆岩中可见大多数造岩矿物,如橄榄石、辉石、角闪石、黑云母、斜长石、正长石和石英等。可充分利用其颜色、解理、硬度和光泽等性质区别上述矿物。其中,斜长石和正长石通常以颜色相区别,前者可见聚片双晶,后者呈卡氏双晶。

变质岩中出现一些特殊变质矿物,除常见造岩矿物外,可见红柱石、矽线石、蓝晶石、石榴子石、透闪石、透辉石和十字石等。借助小刀、放大镜和盐酸等,可初步鉴定上述矿物。

野外鉴别矿物是一种非常重要的基本技能,需要长期观察、训练和总结。建议学生在野外逐渐养成多观察、多鉴定和多思考的习惯,不断磨炼,不断提高,日趋完善。

三、实习区主要矿物鉴别特征简述

石英(Quartz,简写代号 Qz):三方晶系。晶体常为六方柱、菱面体,有时呈三方双锥、三方偏方面体,柱面常见生长横纹。显晶质集合体多为晶簇、粒状和致密块状。隐晶质或玻璃质集合体常呈壳状、球状或结核状。呈晶腺状同心圈状或成层分布者常被称为玛瑙。颜色以白色为主,因杂质不同可呈紫色、烟灰色、黑色、粉红色和黄色等。石英为玻璃光泽,无解理,断口突显油脂光泽,硬度大于小刀(莫氏硬度为 7)。

斜长石(Plagioclase,简写代号 Pl):是一组类质同象系列矿物的总称,由钠长石端元($NaAlSi_3O_8$)和钙长石端元($NaAl_2Si_3O_8$)组成一组连续系列矿物。单体多为板状和板柱状,常见聚片双晶。斜长石颜色以白色和灰白色为主,少数呈红色。晶体常呈环带状产出。斜长石为玻璃光泽,解理发育,硬度大于小刀。

正长石(Orthoclase,简写代号 Or):是一组由钠长石端元($NaAlSi_3O_8$)和钾长石端元($KAlSi_3O_8$)组成的不连续系列矿物总称。晶体多呈短柱状或厚板状,发育卡氏双晶或接触双晶。集合体多为粒状或块状。正长石颜色以肉红色为主,可见淡黄色、灰白色。晶体可呈环带状产出。正长石为玻璃光泽,硬度大于小刀。

方解石(Calcite,简写代号 Cc):三方晶系,晶体常呈菱面体、复三方偏三角面体、六方柱和平行双面,可见聚片双晶和接触双晶。集合体呈晶簇、粒状、致密块状、结核状和土状等。方解石颜色以白色为主,可见浅黄色、紫色、浅红色和褐色等。无色透明者称为冰洲石,是重要的光学设备材料。方解石解理发育，为完全解理，硬度小于小刀（莫尔硬度为 3），滴稀盐酸起泡。

白云石(Dolomite，简写代号 Dol)：三方晶系，晶体常呈菱面体，聚片双晶发育。集合体多呈粒状和致密块状。白云石颜色以白色为主，可见灰色、褐灰色等，玻璃光泽，解理发育，硬度小于小刀，遇稀盐酸起泡较慢。

高岭土(Kaolinite，简写代号 Ka)：因广泛分布于我国江西景德镇的高岭山而得名，是陶瓷的必备原料。高岭土为三斜晶系，晶体极细小。集合体常呈土状或块状。高岭土颜色以白色为主，可见淡红色、蓝色、绿色。高岭土为土状光泽、蜡状光泽；硬度小于小刀（莫氏硬度为 1）；易变形，可搓成粉末，且干燥时有吸水性（粘舌头），湿润时具可塑性，但不膨胀。

蛭石(Vermculite，简写代号 Ve)：成分多变，多由黑云母风化而来，呈片状、鳞片状或土状。蛭石颜色为黑色、褐色和褐黄色，外形似黑云母，光泽弱；硬度小，有解理；薄片具弹性，灼热下显著膨胀成蚂蟥状（手风琴）弯曲柱；相对密度小，可浮于水面上。

铝土矿：是铝的氢氧化物与含水氧化铁、二氧化硅等其他矿物构成的细分散混合物。铝土矿呈鲕状、豆状、肾状和块状等集合体产出。铝土矿颜色为灰白色、褐灰色、黑灰色等，可见红褐色斑点；淡灰色、灰色条痕；非金属光泽；硬度变化大（2.5～7），相对密度中等（2.35～3.5）；呵气后有强烈土臭气味；手感粗糙，无可塑性。

橄榄石(Olivine，简写代号 Ol)：斜方晶系。晶体呈柱状或厚板状，性脆易碎。集合体多呈粒状。颜色以橄榄绿色为主，可见白色、淡黄色和淡绿色。橄榄石为玻璃光泽，解理不很发育，常见贝壳状断口，硬度大于小刀，易被风化蚀变。

辉石：包括斜方辉石（顽火辉石、铁辉石系列）和单斜辉石（透辉石、钙铁辉石系列）两个亚类，属于单链状结构硅酸盐。常见的普通辉石(Augite，简写代号 Au)为单斜晶系，短柱状，横截面正方形或正八边形。集合体呈粒状、柱状、放射状和致密块状。辉石颜色以灰绿色为主，可见白色、浅灰绿色和黑绿色，具白色条痕，玻璃光泽，两组解理发育，呈直角相交，硬度略大于小刀。

角闪石：包括斜方角闪石和单斜角闪石两个亚属。常见普通角闪石（单斜角闪石亚族，Hornblende，简写代号 Ho）晶体呈长柱状，横断面呈假六边形。集合体多呈细柱状、针状或纤维状。角闪石为深绿色至墨绿色，具白色或无色条痕，玻璃光泽，两组解理发育，交角近 60°或 120°，硬度与小刀相近。

云母：据颜色常见黑云母(Biotite，简写代号 Bi)和白云母(Muscovite，简写代号 Ms)两种类型，为单斜晶系。晶体呈片状、板状或鳞片状集合体产出；用小刀易剥落，具弹性，玻璃光泽，解理很发育，解理面呈现强珍珠光泽，常有压线纹；硬度与指甲相当（莫氏硬度为 2～3）。细小的鳞片状白云母被称为绢云母。黑云母风化后变成蛭石（火烧剧烈膨胀），最终风化成高岭土和褐铁矿。

绿泥石(Chlorite，简写代号 Chl)：是绿泥石族矿物的总称，分为富镁的正绿泥石矿物组合和富铁的鳞绿泥石矿物组合两个亚类，为单斜晶系。晶体呈假六方片状或板状晶体，很少自然产出。集合体常呈鳞片状。绿泥石为绿色，玻璃光泽，解理发育，硬度小于指甲。

黄铁矿(Pyrite，简写代号 Py)：等轴晶系，常见完好单晶，多呈立方体、五角十二面体及八面体，晶面上可见生长纹。集合体多呈致密块状、分散粒状和球状结核。黄铁矿呈浅铜黄色，表面为黄褐色。条痕绿黑色或褐黑色，强金属光泽，不透明，无解理，性脆易碎，硬度大于小刀。

赤铁矿（Hematite，简写代号 He）：单晶少见，个别片状晶形者称为镜铁矿。集合体常呈块状、鲕状、豆状及粉末状。赤铁矿为赤红色，樱红色条痕，半金属光泽，土状光泽，硬度与小刀相近，无解理，相对密度大，无磁性。

褐铁矿：是含水氢氧化铁胶凝体、硅氢氧化物和泥质等的混合物，常呈肾状、钟乳状、土块状和粉末状等。褐铁矿颜色多变，黄褐色、深褐色、褐黑色等，条痕色樱红；为半金属光泽、土状光泽；硬度小于小刀，相对密度中等。

磁铁矿（Magnetite，简写代号 Mt）：等轴晶系，单晶常呈八面体，少数菱形十二面体。集合体常见粒状、致密块等。磁铁矿为铁黑色，条痕黑色，半金属光泽，硬度大于小刀，无解理，性脆易碎，具强磁性，相对密度大。

第五节　常见的海岸带地貌观测方法

海岸带综合地质勘查，具有区域性、综合性、基础性强的特点，主要勘查工作内容为：①海岸线位置调查；②海岸带类型及地貌特征调查；③水深、潮位和盐度测量；④海岸带底质调查；⑤海岸带生物调查；⑥海滩剖面测量。

一、海岸线位置调查

海岸线是海洋与陆地的分界线，可定义为平均大潮高潮时水陆分界的痕迹线，之所以如此定义，是因为这条分界线的两侧有着明显差异的陆地环境和海洋环境。在这条分界线以上，是一个以淡水主导的环境，是人类生活和动植物生存的陆地环境；而在分界线以下，经常有海水光顾，属于海洋生物赖以生存的海洋环境。海岸线的确定通常包括两种方式：一是影像图上可视的、可分辨的边界线或人工实测的痕迹线，例如瞬时水边线、干湿线、高潮线等，该类岸线具有瞬时性、变化快等特点，因此并不是真正意义上的海岸线；二是基于特定的潮汐基准面确定，例如平均低潮面、平均低低潮面、平均高潮面、平均大潮高潮面、平均海平面等，该类岸线是不同的潮汐基准面与沿海岸滩的交线，叫作潮汐特征海岸线[25]。这些分界线可视为广义的海岸线或替代海岸线，实际野外通常是以海滩植被出现的界线或贝壳集中的界线判断为海岸线。

二、海岸带类型及地貌特征调查

海岸带类型主要包括 5 种，分别是基岩海岸、砂质海岸、淤泥质海岸、生物海岸和人工海岸[26—29]（图 4-5-1）。基岩海岸是由岩石组成的海岸。基岩海岸的主要特征是岸线比较曲折，岸坡较为陡峭，岬角与海湾相间分布，岬角向海突出，海湾深入陆地。基岩海岸在海浪冲击下可以形成海蚀洞、海蚀拱桥、海蚀崖、海蚀平台和海蚀柱等景观。砂质海岸通常是由松散的、较细的物质如细砂、粉砂和淤泥组成的，海岸线比较平直，以波浪作用为主。淤泥质海岸是由淤泥或杂以粉砂的淤泥组成，多分布在大河入海口两侧的海岸。生物海岸主要是由生物建造的海岸，包括珊瑚礁和牡蛎礁等动物残骸构成的海岸，以及红树林与湿地草丛等植物群落构成的海岸。人工海岸是为使海岸达到稳定的平衡状态，保护海岸免受波浪、潮流的冲蚀，通过人工方法在某些岸段上采用工程方案塑造的海岸，即称为人工海岸。

基岩海岸　　砂质海岸

淤泥质和生物海岸　　人工海岸

图 4-5-1　不同海岸类型图

三、水深、潮位和盐度测量

1. 水深测量

水深是指固定地点从海平面至海底的垂直距离，其分为瞬时水深和海图水深。瞬时水深是指现场测得的自海面至水底的垂直距离，而海图水深是从深度基准面起算的海底的水深。水深测量的时间，连续站每小时测量一次，大面调查在船到后即开始测量。水深测量通常采用回声测深仪和钢丝绳测深两种方法(图 4-5-2)。野外一般利用普通绳索悬吊重物就可以测量水深，把重物放置到水中，重物触底绳索松弛后，此时绳子与水面的交汇处到重物的距离即为水深。

2. 潮位测量

潮位是指海洋中的水位。潮位变化包括在天体引潮力作用下发生的周期性的垂直涨落，以及风、气压和径流等因素引起的非周期变化。在选择潮位的观察点时，应选择风浪较小、来往船只较少、海滩坡度较大且观察点的潮汐在本海区具有代表性的观察点，并尽量利用现有码头、防波堤、栈桥等海上建筑物作为观测点。潮位数据都是相对于基准面的水位数据，可选

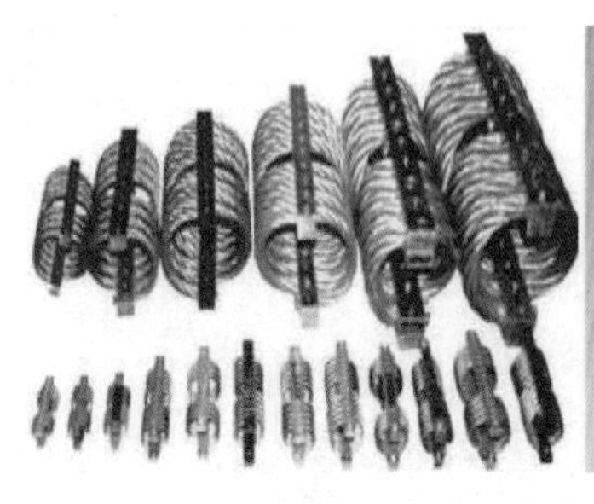
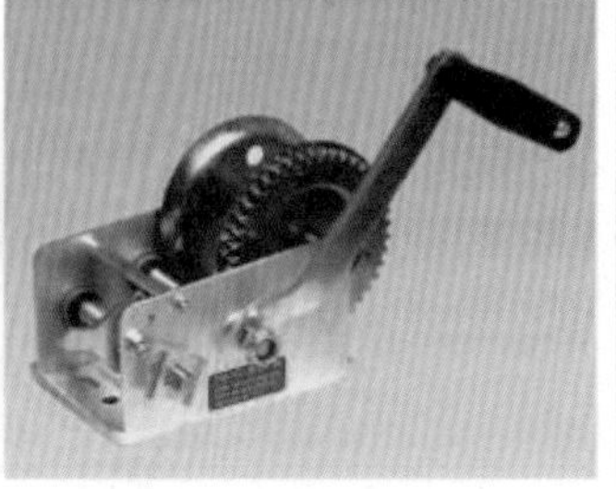
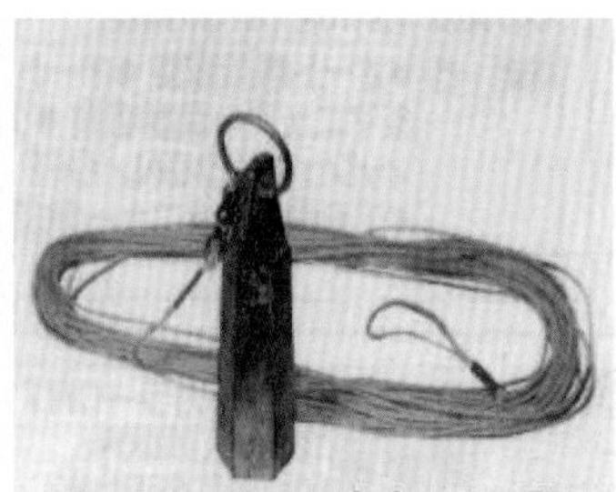

钢绳　　绞盘　　普通绳和吊线坠

图 4-5-2　钢丝绳测深基本工具

择绝对基面(某一测站的多年平均海平面)或假定基面(自行假定一个测站基面)。长期的潮位观测需要设置验潮井,而临时的潮位观测一般是利用水尺或自记潮位仪进行观测(图 4-5-3)。目前,利用水尺观测潮位还是普遍可取的一种方法,潮位观测一般于整点每小时观测一次。

验潮井　　水尺

图 4-5-3　验潮井及水尺

自记水位计观测法具有记录连续、完整、节省人力等优点,因而被一般永久性测站所普遍采用。自记潮位仪种类繁多,主要有浮子式验潮仪、声学验潮仪和水压式验潮仪等,每种仪器的组成不同使用方法也不同,但操作都比较简单。

如果没有潮位仪,就只能采用水尺或类似于水尺的方法在该海滩进行潮位观测。用固定水尺测量潮位时,读取水尺读数,应尽可能使视线接近水面,在有波浪时应抓紧时机。在小浪时,连续读取 3 个峰值和 3 个波谷通过水尺时的读数,并取平均值为水尺读数。水面落在水尺零点以下时,应读取水尺零点到水面距离的数值,并在前面加一个负号。验潮站一般都有两根以上的水尺,因此必须将不同的水尺换算至同一水位零点。水位零点一般在离岸最远那根水尺零点以下 1m 左右。之后将不同水尺的观测资料同一换算到水位零点上,就可以绘制出每天的水位曲线,以便检测水位观测的质量。

假如海滩没有可以利用的固定水尺，在潮位观测时需要在固定观测点处利用卷尺测量水面到海底的垂直距离。在选择固定观测点时既要考虑在观测期间潮位的变化趋势，又要考虑尽量避开人为活动的干扰。比如假如开始观测时是低潮位，则可选择水深较浅的点作为固定观察点，这样既可保证在观测期间观察点处不会干滩，又便于潮位的观测。该观测点处的海底表面就是潮位测量的假定基面。在测量时每一小时测量一次（整点时测量），在读数时要尽量选择海面较平静的时候，视线尽可能接近水面且要多读几组数据[以厘米（cm）为单位读数]，并取其平均值作为该时刻的潮位数值，要把读取潮位数据的时间及对应的潮位数据及时记录在野簿上。这种潮位测量方法是在缺乏潮位仪及固定水尺的情况下而采用的方法，有很大的缺陷，比如不能保证每次的观察点就是固定的那一点、潮位数据读数不准及由于观察点处的地形变化而造成的假定基面的变化等。

3. 盐度测量

为了表示海水中化学物质的多少，通常用海水盐度表示，理论上盐度是指绝对盐度，但绝对盐度不能直接测量，因为绝对盐度是指海水中溶解物质质量与海水质量的比值。所以，随着盐度测定方法的变化和改进，在实际应用中引入了相应的盐度定义。现在通用的是1978年实用盐标，采用的是电导方法测定海水盐度。测量盐度的方法主要分为两大类，一是化学方法硝酸银滴定法；二是物理方法，可分为比重法、折射法和电导法3种。盐度的测量通常采用CTD进行（见第三章第四节）。

四、海岸带底质调查

底质是矿物、岩石、土壤的自然侵蚀产物，以及生物活动和降解有机质等过程的产物，是随河流迁移而沉积在海底的堆积物质的统称。海岸带底质调查手段有表层采样、拖网采样、柱状采样和浅地层剖面测量等[29—33]。当进行小比例尺的采样时，可以选用表层采样和柱状采样。表层采样的设站密度应满足相关规定的要求，柱状采样的比例不应小于表层采样测站的20%。在一些代表性的剖面上还可进行浅地层剖面测量，如有条件的话还可以进行少量的浅钻，以提供该剖面的综合地质解释依据。在野外采样时，潮上带和潮间带出露的底质可以直接用铲子挖取，而在潮下带区域的底质就只能利用仪器来进行采集，比如说采泥器，它是表层取样的简单装置。在实验室对采集的底质样进行含水率、湿容重等方面的测定，还可以对样品进行古生物含量、底质矿物含量和化学成分等方面的测定。

五、海岸带生物调查

海洋生物是海洋有机物质的生产者，广泛参与海洋中的物质循环和能量交换，对海洋环境有着重要的影响。浮游生物采样方法主要有采水样、拖网、采泥等。采水样适用于微生物、浮游生物等项目采样；拖网适用于底栖生物、浮游生物和游泳动物等项目采样；采泥适用于微生物、底栖生物等项目采样。

砂质海岸生物调查的步骤为：自海岸线到低潮水边线，沿垂直于海岸线方向取样方，样方大小5m×5m，每隔20m（或30m，依暴露的沙滩宽度而定）取一个样方；统计样方内底表上所有生物（或选取特定类群，如软体动物双壳类）的种类和数量（双壳类的单壳计数后要除以2）；

计算并统计各样方生物物种数、总生物密度(单位面积底表上的生物数量)、各物种生物密度,从而了解海岸带底表生物的垂直分带特征。

淤泥质海岸生物调查的步骤为:自海岸线到低潮水边线,沿垂直于海岸线方向取样方,每隔50m取一个样点;每个样点取样面积为筛子面积,取样深度15cm,挖取该区域内的泥沙过筛,用桶取水浇水冲沙;全部筛完后,拍照筛内留存的生物及碎屑,然后对较完整的生物(双壳类的单壳计数后要除以2)进行分类计数;每样点处还要测量盐度及pH值,注意该处泥沙沉积物的颜色、颗粒大小等特征。

六、海滩剖面测量

海滩剖面,通俗意义上来讲是指与岸线垂直的海滩的横断面(图3-1-9)。海滩剖面的测量宜选择在大潮的低潮位时进行观测,因为此时出露的海滩较宽,可以测得较完整的海滩剖面形态。海滩剖面测量的一端可以选择在低潮位水边线,测量的另一端选择在海岸线位置。为了测量海滩剖面的形态,需要测量两个参数,即海滩宽度及高程。

具体的测量方法如下:海滩宽度测量利用测绳、测尺,根据海滩地形坡度的明显变化对海滩进行分段,并分段测量海滩的宽度;用水准仪进行海滩高程的测量,水准仪在测量海滩高程时,要注意在坡度转折处放置标尺,确保测量到转折点高程。在没有水准仪的情况下,测量海滩高程也可以使用罗盘,先利用罗盘测量坡角,再测量观测者到待测高程位置点间的距离,通过三角函数变换就可以得到海滩高程。

第六节 常见的海洋环境监测方法

我国海水水质标准[24]按照海域的不同使用功能和保护目标,将水质分为4类,其监测项目为:水温、漂浮物质、悬浮物质、色、臭、味、pH值、溶解氧、化学需氧量、生化需氧量、汞、镉、铅、六价铬、总铬、铜、锌、硒、砷、氯化物、硫化物、活性磷酸盐、无机氮、非离子氨、挥发性酚、石油类、666、DDT、马拉硫磷、甲基对硫磷、苯并芘、阴离子表面活性剂、大肠菌群、粪大肠菌群、病原体、放射性核素(^{60}Co、^{90}Sr、^{106}Rn、^{134}Cs、^{137}Cs)等[24—39]。

一、物理指标检验

1.水温

水温测量必须在现场进行。常用的测量仪器有水温计、颠倒温度计。深水温度采用倒温度计进行测量。各种温度计应定期校核。

水温计法:水温计是安装于金属半圆槽壳内的水银温度表,下端连接一金属贮水杯,温度表水银球部悬于杯中,其顶端的槽壳带一圆环,拴以一定长度的绳子。测温范围通常为-6~41℃,最小分度为0.2℃。测量时将其插入预定深度的水中,放置5min后,迅速提出水面并读数。

颠倒温度计法:颠倒温度计(闭式)用于测量深层水温度,一般装在采水器上使用。它由主温表和辅温表组装在厚壁玻璃套管内构成。主温表是双端式水银温度计,用于测量水温。

辅温表为普通水银温度计，用于校正因环境温度改变而引起额主温表读数变化。测量时，将装有这种温度计的颠倒采水器沉入预定深度处，感温10min后，由"水锤"打开采水器的"撞击开关"，使采水器完成颠倒动作，提出水面，立即读取主、辅温度表的读数，经校正后获得实际水温。

2. 臭和味

臭和味也是人类测对水的美学评价的感官指标，主要测定方法有定性描述法和臭阈值法。

定性描述法：取100mL水样于250mL锥形瓶中，检验人员依靠自己的嗅觉，分别在20℃和煮沸稍冷后闻其气味，用适当的词语描述臭特征，如芳香、氯气、硫化氢、泥土、霉烂等气味或没有任何气味，并按表4-6-1划分的等级报告臭强度。

只有清洁的水或已确认经口接触对人体健康无害的水样才能进行味的检验。其检验方法是分别取少量20℃和煮沸冷却后的水样放入口中，尝其味道，用适当词语(酸、甜、咸、苦、涩等)描述，并参照表4-6-1等级记录味强度。

表4-6-1 臭强度等级表

等级	强度	说明
0	无	无任何气味
1	微弱	一般人难以察觉，嗅觉灵敏者可以察觉
2	弱	一般人刚能察觉
3	明显	已能明显察觉
4	强	有显著的臭味
5	很强	有强烈的恶臭或异味

臭阈值法：用无臭水稀释水样，当稀释到刚能闻出臭味时的稀释倍数称为"臭阈值"，即

$$臭阈值(TON)=(水样体积+无臭水体积)/水样体积$$

检验操作要点：用水样和无臭水在具塞锥瓶中配制系列稀释水样，在水浴上加热至60±1℃；取下锥瓶，振荡2～3次，去塞，闻其气味，与无臭水比较，确定刚好闻出臭味的稀释水样，计算臭阈值。如水样含余氯，应在脱氯前后各检验一次。

由于不同检验人员嗅觉的敏感程度有差异，检验结果会不一致。因此，一般选择5名以上嗅觉灵敏的检验人员同时检验，取其检验结果的几何平均值作为代表值。要求检臭人员在检臭前避免外来气味的刺激。

一般用自来水通过颗粒状活性炭吸附制取无臭水；自来水中含余氯时，用硫代硫酸钠溶液滴定脱除，也可将蒸馏水煮沸除臭后作为无臭水。

3. 色度

色度、浊度、透明度、悬浮物都是水质的外观指标。水的颜色分为表色和真色。真色指去除悬浮物后的水的颜色，没有去除悬浮物的水具有的颜色称为表色。对于清洁或浊度很低的水，真色和表色相近；对于着色深的工业废水或污水，真色和表色差别较大。水的色度一般是指真色。色度常用铂钴比色法和稀释倍数法进行测定。

铂钴标准比色法：该方法用氯铂酸钾与氯化钴配成标准色列，与水样进行目视比色确定水样的色度。规定水中含 1mg 铂和 0.5mg 钴所具有的颜色为 1 个色度单位，称为 1 度。因氯铂酸钾价格昂贵，故可用重铬酸钾代替氯铂酸钾，用硫酸钴代替氯化钴，配制标准色列。如果水样浑浊，应放置澄清，也可用离心法或用孔径 0.45μm 的滤膜过滤除去悬浮物，但不能用滤纸过滤。

本方法适用于清洁的、带有黄色色调的天然水和饮用水的色度测定。如果水样中有泥土或其他分散很细的悬浮物，用澄清、离心等方法处理仍不透明时，则测定表色。

稀释倍数法：该方法适用于受工业废(污)水污染的地表水和工业废水色度的测定。测定时，首先用文字描述水样的颜色种类和深浅程度，如深蓝色、棕黄色、暗黑色等。然后取一定量的水样，用蒸馏水稀释到刚好看不到颜色，以稀释倍数表示该水样的色度，用倍数表示。所取水样应无树叶、枯枝等杂物，取样后应尽快测定，否则应冷藏保存。

4. 浊度

浊度是反映水中的不溶解物质对光线透过时阻碍程度的指标，通常仅用于天然水和饮用水，而废(污)水中不溶物质含量高，一般要求测定悬浮物。测定浊度采用目视比浊法、浊度仪法等。

目视比浊法测定原理：将水样与用精制的硅藻土(或白陶土)配制的系列浊度标准溶液进行比较，来确定水样的浊度。规定 1000mL 水中含 1mg 一定粒度的硅藻土所产生的浊度为一个浊度单位，简称“度”。

测定时，首先，用通过 0.1mm(150 目)孔径筛，并经烘干的硅藻土和蒸馏水配制浊度标准储备液；其次，视水样浊度高低，用浊度标准储备液和具塞比色管或具塞无色玻璃瓶配制系列浊度标准溶液；最后，取与系列浊度标准溶液等体积的摇匀水样或稀释水样，置于与系列浊度标准溶液同规格的比色管(或玻璃瓶)中，与系列浊度标准溶液比较，选出与水样产生视觉效果相近的标准溶液，即为水样的浊度。如用稀释水样，测得浊度应再乘以稀释倍数。

浊度仪是通过测定水样对一定波长的透射或散射强度而实现浊度测定的专用仪器。

浊度仪法测定原理：当光射入水样时，构成浊度的颗粒对光发生散射，散射强度与水样的浊度成正比。按照测量散射光位置不同，这类仪器有两种形式。一种是在与入射光垂直的方向上测量，如根据 ISO 7027－1999 国际标准设计的便携式浊度仪，以发射高强度 890nm 波长红外线的发光二极管为光源，将光电传感器放在与发射光垂直的位置上，用微型电子计算机进行数据处理，可进行自检和直接读出水样的浊度值；另一种是测量水样表面的散射光，称为表面散射式浊度仪。

浊度仪使用福尔马肼(Formazine)浊度标准溶液，测得结果的浊度单位为 NTU。

5. 透明度

洁净的水是透明的，水中存在悬浮物、胶体物质、有色物质和藻类时，会使其透明度降低。测定透明度常用铅字法、塞氏盘法和十字法(图 4-6-1)。

铅字法：该方法用透明度计测定。透明度计是一种长 33cm、内径 2.5cm 并具有刻度的无色玻璃圆筒，筒底有一磨光玻璃片和放水侧管。测定时，将摇匀的水样倒入筒内，从筒口垂直向下观察，并缓慢由放水侧管放水，直至刚好能看清底部的标准铅字印刷符号，则筒中水柱高度[以厘米(cm)计]即为被测水样的透明度,读数估计至0.5cm。水位超过30cm时为透明水样。

塞氏盘法:塞氏盘法是一种现场测定透明度的方法。塞式盘为直径200mm的白铁片圆板,板面从中心平分为4个部分,黑白相间,中心穿一带铅锤的铅丝,上面系一用厘米(cm)标记的细绳。

测定时,将塞氏盘平放入水中,逐渐下沉,至刚好看不到盘面的白色时,记录其深度[以厘米(cm)计],即为被测水样的透明度。

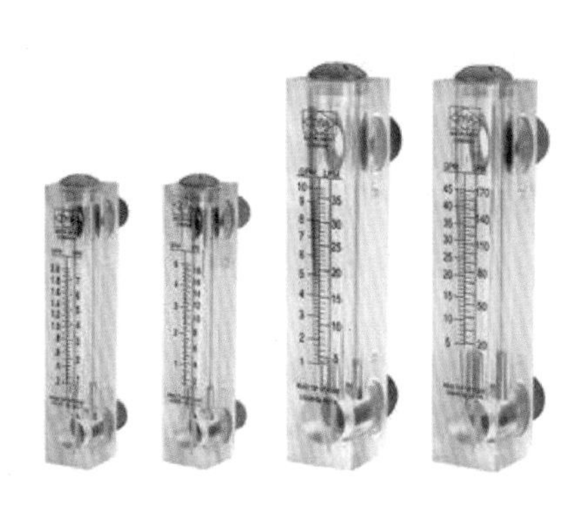

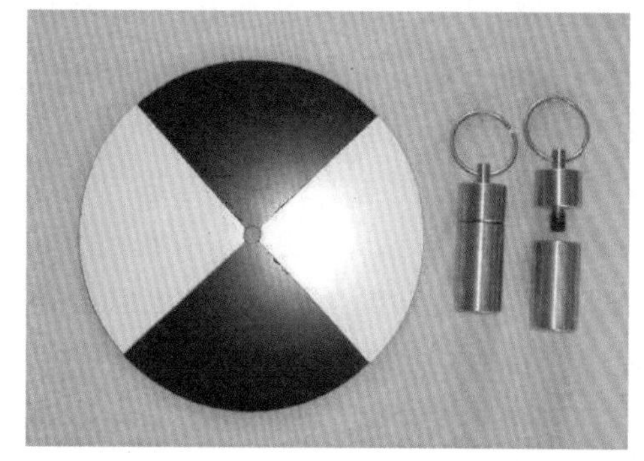

图4-6-1　透明度计和塞氏盘

6. 悬浮物

水样经过滤后留在过滤器上的固体物质,于103～105℃烘至恒重后得到的物质称为悬浮物(SS)。它包括不溶于水的泥沙和各种污染物、微生物及难溶无机物等。常用的过滤器有滤纸、滤膜、石棉坩埚。由于它们的滤孔大小不一致,报告结果时应注明。石棉坩埚通常用于过滤酸或碱浓度高的水样。测定悬浮物采用重量法(GB 11901—89)。

重量法测定原理:将适量污水经过微孔滤膜过滤后,将含有过滤残余物的滤膜移至105～110℃烘箱中烘干至恒重,称重并计算出悬浮物含量(单位为mg/L)。

二、非金属无机化合物的测定

1. 酸度和碱度

1)酸度

酸度是指水中所含能与强碱发生中和作用的物质的总量,包括无机酸、有机酸、强酸弱碱盐等。测定酸度的方法有酸碱指示剂滴定法和电位滴定法。

酸碱指示剂滴定法:用标准氢氧化钠溶液滴定水样至一定pH,根据其所消耗的氢氧化钠溶液量计算酸度。随所用指示剂不同,酸度通常分为两种:一是用酚酞作指示剂(变色pH=8.3),测得的酸度称为总酸度(酚酞酸度),包括强酸和弱酸;二是用甲基橙作指示剂(变色pH≈3.7),测得的酸度称为强酸酸度或甲基橙酸度。酸度单位为mg/L。

电位滴定法:以pH玻璃电极为指示电极,饱和甘汞电极为参比电极,与被测水样组成原电池并接入pH计,用氢氧化钠标准溶液滴至pH计指示3.7和8.3,据其相应消耗的氢氧化钠标准溶液的体积,分别计算两种酸度。

2)碱度

水的碱度是指水中所含能与强酸发生中和作用的物质总量,包括强碱、弱碱、强碱弱酸盐等。测定水样碱度的方法和测定酸度一样,有酸碱指示剂滴定法和电位滴定法。前者是用酸碱指示剂的颜色变化指示滴定终点,后者是用滴定过程中 pH 的变化指示滴定终点。

水样用标准酸溶液滴定至酚酞指示剂由红色变为无色(pH=8.3)时,所测得的碱度称为酚酞碱度,此时 OH^- 已被中和,CO_3^{2-} 被中和为 HCO_3^-;当继续滴定至甲基橙指示剂由橘黄色变为橘红色(pH=4.4)时,测得的碱度称为甲基橙碱度,此时水中的 HCO_3^- 也已被中和完全,即全部致碱物质都已被强酸中和,故又称其为总碱度。

根据使用两种指示剂滴定所消耗的酸量,可分别计算出水中的酚酞碱度和甲基橙碱度(总碱度),其单位用 mg/L 表示。

2. pH 值

pH 值和酸度、碱度既有联系又有区别。pH 值表示水的酸碱性强弱,而酸度或碱度是水中所含酸性或碱性物质的含量。测定 pH 值的方法有比色法、玻璃电极法(电位法)。

比色法:比色法是基于各种酸碱指示剂在不同 pH 值的水溶液中显示不同的颜色,而每种指示剂都有一定的变色范围。将一系列已知 pH 值的缓冲溶液加入适当的指示剂制成 pH 标准色液并封装在小安瓿瓶内,测定时取与 pH 标准色液等量的水样,加入与 pH 标准色液相同的指示剂,然后进行比较,测定水样的 pH 值。

玻璃电极法(GB/T 6920—86):玻璃电极法测定 pH 值是以 pH 玻璃电极为指示电极,饱和甘汞电极或银-氯化银电极为参比电极,将二者与被测溶液组成原电池,其电动势($E_{电池}$)为:

$$E_{电池}=\Phi_{甘汞}-\Phi_{玻璃}$$

式中:$\Phi_{甘汞}$为饱和甘汞电极的电极电位,不随被测溶液中氢离子活度变化,可视为定值;$\Phi_{玻璃}$为 pH 玻璃电极的电极电位,随被测溶液中氢离子活度而变化。

$\Phi_{玻璃}$可用能斯特方程表达,故上式表示为(25℃时):

$$E_{电池}=\Phi_{甘汞}-[\Phi_0+0.059V\lg(a_{H^+})]=K+0.059pH$$

只要测知 $E_{电池}$,就能求出被测溶液的 pH 值。在实际工作中,以已知 pH 值的溶液作为标准进行校准,用 pH 计直接测出被测溶液的 pH 值。

pH 玻璃电极的内阻一般高达几十兆欧到几百兆欧,所以与之匹配的 pH 计都是高阻抗输入的电子毫伏计或电子电位差计。为消除温度对 pH 值测定的影响,pH 计上都设有温度补偿装置。

EF-560 型便捷式 pH 计(图 4-6-2)产品配置主要包括:主机 1 台,pH 复合电极 1 支,温度探头 1 支,pH 校正试剂 1 套,主机保护套 1 个,便携箱 1 个。

3. 溶解氧

溶解在水中的分子态氧称为溶解氧(DO)。测定水中溶解氧的方法为电化学探头法(HJ 506—2009)。

溶解氧电化学探头是一个用选择性薄膜封闭的小室,室内有两个金属电极并充有电解质。氧和一定数量的其他气体及亲液物质可透过这层薄膜,但水和可溶性物质的离子几乎不

图 4-6-2　EF-560 型便捷式 pH 计

能透过这层膜。将探头浸入水中进行溶解氧的测定时，由于电池作用或外加电压在两个电极间产生电位差，使金属离子在阳极进入溶液，同时氧气通过薄膜扩散在阴极获得电子被还原，产生的电流与穿过薄膜和电解质层的氧传递速度成正比，即在一定的温度下该电流与水中氧的分压（或浓度）成正比。

1）校准

零点检查和调整：当测量的溶解氧质量浓度水平低于 1mg/L（或 10%饱和度）时，或者当更换溶解氧膜罩或内部的填充电解液时，需要进行零点检查和调整。若仪器具有零点补偿功能，则不必调整零点。零点调整具体操作为将探头浸入零点检查溶液中，待反应稳定后读数，调整仪器到零点。接近饱和值的校准：在一定的温度下，向蒸馏水中曝气，使水中氧的含量达到饱和或接近饱和。在这个温度下保持 15min，采用 CB 7489 规定的方法测定溶解氧的质量浓度。将探头浸没在瓶内，瓶中完全充满按上述步骤制备并测定的样品，让探头在搅拌的溶液中稳定 2～3min 以后，调节仪器读数至样品已知的溶解氧质量浓度。当仪器不能再校准，或仪器响应变得不稳定或较低时，应及时更换电解质或膜。

2）测定

将探头浸入样品，不能有空气泡截留在膜上，停留足够的时间，待探头温度与水温达到平衡，且数字显示稳定时读数。必要时，根据所用仪器的型号及对测量结果的要求，检验水温、气压或含盐量，并对测量结果进行校正。

探头的膜接触样品时，样品要保持一定的流速，防止与膜接触的瞬间将该部位样品中的溶解氧耗尽，使读数发生波动。

EF-DO 型便携式溶氧仪（图 4-6-3）产品配置主要包括：主机 1 台，主机保护套 1 个，溶氧电极 1 支，后备电极头 1 个，电极内充液 1 瓶，9V 电池 1 个，便捷箱 1 个。

4. 含氮化合物

1）氨氮

水中的氨氮是指以游离氨和离子态氨形式存在的氮。测定水中氨氮的方法有纳氏试剂分光光度法、水杨酸-次氯酸盐分光光度法、气相分子吸收光谱法。

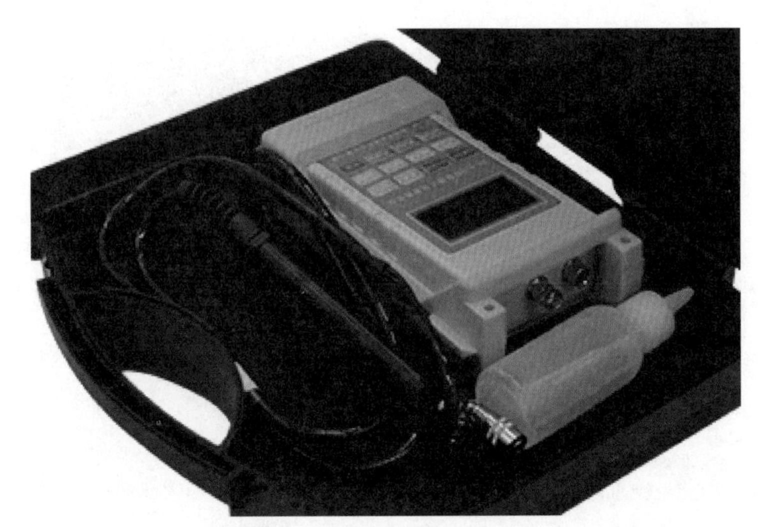

图 4-6-3 EF-DO 型便携式溶氧仪

纳氏试剂分光光度法(HJ 535—2009):在经絮凝沉淀或蒸馏法预处理的水样中,加入碘化汞和碘化钾的强碱溶液(纳氏试剂)则与氨反应生成黄棕色胶体化合物,在 410~425nm 波长范围内用分光光度法测定。本法最低检出质量浓度为 0.025mg/L,测定上限为 2mg/L。

水杨酸-次氯酸盐分光光度法(HJ 536—2009):在亚硝基铁氰化钠存在的情况下,氨与次氯酸反应生成氯胺,氯胺与水杨酸反应生成氨基水杨酸,氨基水杨酸经氧化、缩合,生成靛酚蓝,于其最大吸收波长 697nm 处用分光光度法测定。该方法测定质量浓度范围为 0.01~1mg/L。

气相分子吸收光谱法(HI/T 195—2005):取经预处理的水样于质量分数为 2%~3%的酸性介质中,加入无水乙醇煮沸除去亚硝酸盐等干扰,用次溴酸钠将氨及铵盐氧化成亚硝酸盐,再在 0.15~0.3mol/L 柠檬酸介质中和有乙醇存在的条件下将亚硝酸盐迅速分解,生成二氧化碳,用净化空气载入气相分子吸收光谱仪的吸光管,测量该气体对锌空心阴极灯发射的 213.9nm 特征光的吸光度,以标准曲线法定量。气相分子吸收光谱仪安装有微型计算机,经用试剂空白溶液校正零点和用系列标准溶液绘制标准曲线后,即可根据水样吸光度值及水样体积,自动计算出分析结果。

气相色谱仪(图 4-6-4)的基本构造有两部分,即分析单元和显示单元。前者主要包括气源及控制计量装置、进样装置、恒温器和色谱柱。后者主要包括检定器和自动记录仪。色谱柱(包括固定相)和检定器是气相色谱仪的核心部件。

气路系统:气相色谱仪中的气路是一个载气连续运行的密闭管路系统。整个气路系统要求载气纯净、密闭性好、流速稳定及流速测量准确。

进样系统:进样就是把气体或液体样品匀速而定量地加到色谱柱上端。

分离系统:分离系统的核心是色谱柱,它的作用是将多组分样品分离为单个组分。色谱柱分为填充柱和毛细管柱两类。

检测系统:检测器的作用是把被色谱柱分离的样品组分根据其特性和含量转化成电信号,经放大后,由记录仪记录形成色谱图。

信号记录或微机数据处理系统:近年来气相色谱仪主要采用色谱数据处理机。色谱数据

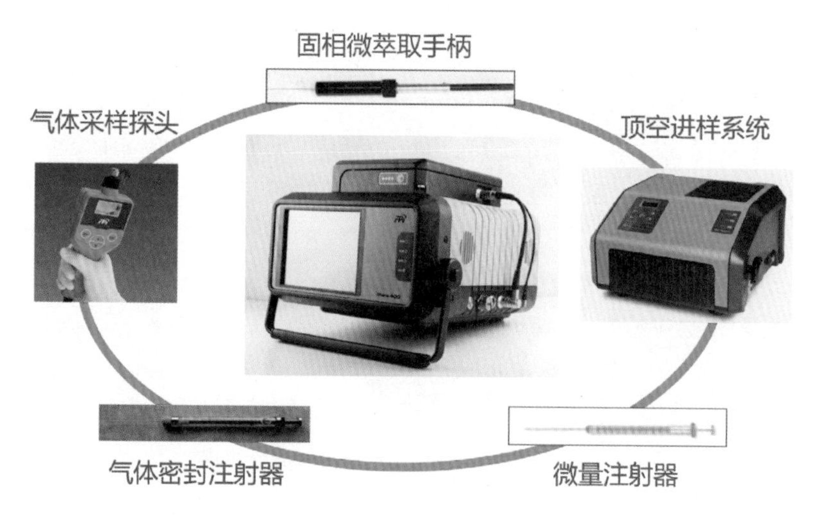

图 4-6-4 气相色谱仪

处理机可打印记录色谱图,并能在同一张记录纸上打印出处理后的结果,如保留时间、被测组分质量分数等。

温度控制系统:用于控制和测量色谱柱、检测器、气化室温度,是气相色谱仪的重要组成部分。

2)亚硝酸盐氮

N-(1-萘基)-乙二胺分光光度法:在 pH=1.8±0.3 的磷酸介质中,亚硝酸盐与对氨基苯磺酰胺反应,生成重氮盐,再与 N-(1-萘基)-乙二胺偶联生成红色染料,于 540nm 波长处进行吸光度测定。该方法最低检出质量浓度为 0.003mg/L,测定上限为 0.20mg/L。

气相分子吸收光谱法(HJ/T 197—2005):在 0.15~0.3mol/L 柠檬酸介质中,加入无水乙醇,将水样中亚硝酸盐迅速分解,生成二氧化氮,用净化空气载入气相分子吸收光谱仪,测其对特征光的吸光度,与标准溶液的吸光度比较定量。使用锌空心阴极灯于 213.9nm 波长处测定。该方法测定范围为 0.012~10mg/L,在波长为 279.5nm 处测定,测定上限可达 500mg/L。

3)硝酸盐氮

硝酸盐是在有氧环境中最稳定的含氮化合物,也是含氮有机物经无机化作用最终阶段的分解产物。水中硝酸盐氮的测定方法有酚二磺酸分光光度法、气相分子吸收光谱法、紫外分光光度法等。

酚二磺酸分光光度法:硝酸盐在无水存在情况下与酚二磺酸反应,生成硝基酚二磺酸,于碱性溶液中又生成黄色的硝基酚二磺酸三钾盐,于 410nm 波长处测其吸光度,与标准溶液吸光度比较定量。水样中共存氯化物、亚硝酸盐、铵盐、有机物和碳酸盐时,产生干扰,应进行适当的预处理。例如,加入硫酸银溶液,使氯化物生成沉淀,过滤除去;滴加高锰酸钾溶液,使亚硝酸盐氧化为硝酸盐,最后从硝酸盐氮测定结果中减去亚硝酸盐氮量等。该方法适用于测定水中的硝酸盐氮,最低检出质量浓度为 0.02mg/L,测定上限为 2.0mg/L。

气相分子吸收光谱法:水样中的硝酸盐在 2.5mol/L 的盐酸介质中,于 70±2℃下,用三氯化钛快速还原分解，生成一氧化氮气体，被净化空气载入气相分子吸收光谱仪的吸光管中，测量其对镉空心阴极灯发射的 214.4nm 特征光的吸光度，与硝酸盐氮标准溶液的吸光度比较，确定水样中硝酸盐氮的含量。NO_2^-、SO_3^{2-}及$S_2O_3^{2-}$会产生明显干扰。NO_2^-可在加酸前用氨基磺酸还原成N_2除去；SO_3^{2-}及$S_2O_3^{2-}$可用氧化剂将其氧化成SO_4^{2-}；如含挥发性有机物，可用活性炭吸附除去。该方法最低检出质量浓度为 0.006mg/L，测定上限为 10mg/L，适用于各种水中硝酸盐氮的测定。

紫外分光光度法（HJ/T 346—2007）：方法原理基于硝酸根离子对 220nm 波长光有特征吸收，而溶解性有机物在 220nm 处也有吸收，故根据实践，一般引入一个经验校正值。该校正值为 275nm 波长处（硝酸根离子在此波长处没有吸收）测得吸光度的 2 倍。在 220nm 处的吸光度减去经验校正值即为硝酸根离子的净吸光度。这种经验校正值大小与有机物的性质和浓度有关，当$A_{275}/A_{220}<20\%$（越小越好）时，硝酸根离子的净吸光度与硝酸根离子浓度的关系符合朗伯-比尔定律；如果$A_{275}/A_{220}>20\%$时，水样必须进行预处理。水样中的有机物、浊度、亚硝酸盐、碳酸盐和Fe^{3+}、Cr(Ⅵ)对测定有干扰，需要进行预处理，可以用氢氧化铝絮凝共沉淀和大孔吸附树脂处理。该方法适用于水中硝酸盐氮的测定，检出限为 0.08mg/L，测定下限为 0.32mg/L，测定上限为 4mg/L。

4）凯氏氮

凯氏氮是指以凯式（Kjeldahl）法测得的含氮量，包括氨氮和在此条件下能转化为铵盐而被测定的有机氮化合物。此类有机氮化合物主要有蛋白质、氨基酸、肽、核酸、尿素以及合成的氮为负三价形态的有机氮化合物。一般以凯氏氮与氨氮的差值表示有机氮含量。

测定时，取适量水样与凯式烧瓶中，加入浓硫酸和催化剂（K_2SO_4），加热消解，将有机氮转变成氨氮，然后在碱性介质中蒸馏出氨，用硼酸溶液吸收，以分光光度法或滴定法测定氨氮含量，即为水样中的凯氏氮含量。

凯氏氮还可用气相分子吸收光谱法测定。

方法原理：将水样中的游离氨、铵盐和有机物中的氮转变成铵盐，用次溴酸盐将其氧化成亚硝酸盐，用测定亚硝酸盐氮的方法测定。

5）总氮

水中总氮的测定通常用过硫酸钾氧化水样，使有机氮和无机氮化合物转变为硝酸盐，用流动注射-盐酸萘乙二胺分光光度法和连续流动-盐酸萘萘乙二胺分光光度法进行测定。

流动注射-盐酸萘乙二胺分光光度法（HJ 668—2013）：在碱性介质中，试料中的含氮化合物在 95±2℃、且紫外线照射下，被过硫酸盐氧化为硝酸盐后，经镉柱还原为亚硝酸盐；在酸性介质中，亚硝酸盐与磺胺进行重氮化反应，然后与盐酸萘乙二胺偶联生成紫红色化合物，于 540nm 处测量吸光度。

连续流动-盐酸乙二胺分光光度法（HJ 667—2013）：在碱性介质中，试料中的氮、铵离子与二氯异氯尿酸钠溶液释放出来的次氯酸根发生反应生成氯胺。在 40℃和亚硝基铁氧化钾存在条件下，氯胺与水杨酸盐反应形成蓝绿色化合物，于 660nm 波长处测量吸光度。

6)水质分析仪

水质分析仪主要采用离子选择电极测量法来实现精确检测的。

(1)工作原理:美国 In-Situ Aqua TROLL 600 水质分析仪(图 4-6-5、图 4-6-6)具有 NO_3^-、NH_4^+ 和参比电极。每个电极都有一离子选择膜,会与被测样本中相应的离子产生反应,膜是一离子交换器,与离子电荷发生反应而改变了膜电势,就可检测电极液、样本和膜间的电势。膜两边被检测的两个电势差值会产生电流。内部电极液和样本间的离子浓度差会在工作电极的膜两边产生电化学电压,电压通过高传导性的内部电极引到到放大器,参考电极同样引到放大器的地点。通过检测一个精确的已知离子浓度的标准溶液获得定标曲线,从而检测样本中的离子浓度。溶液中被测离子接触电极时,在离子选择电极基质的含水层内发生离子迁移。迁移的离子的电荷改变存在着电势,因而使膜面间的电位发生变化,在测量电极与参比电极间产生一个电位差。

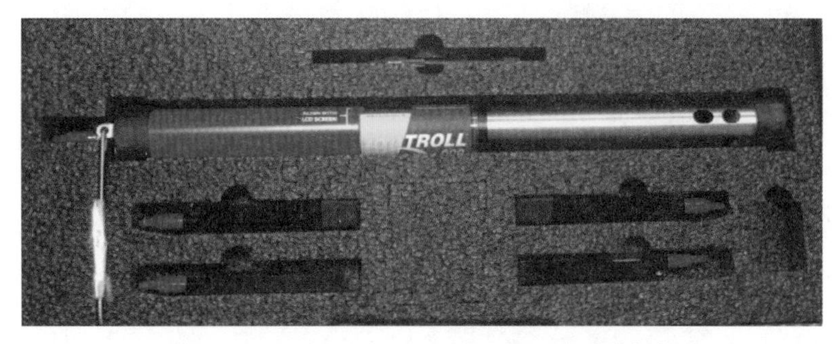

图 4-6-5　In-Situ Aqua TROLL 600 水质分析仪

图 4-6-6　In-Situ Aqua TROLL 600 通信设备

(2)Aqt600 操作流程:该操作过程总共分为 5 步,具体如下。

第一步,安装电池。

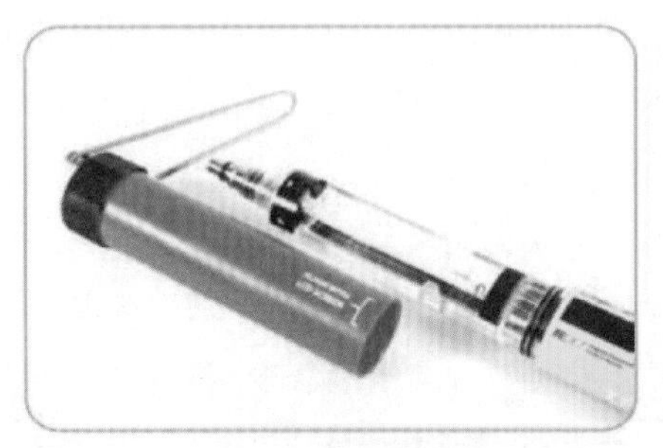

①打开电池仓

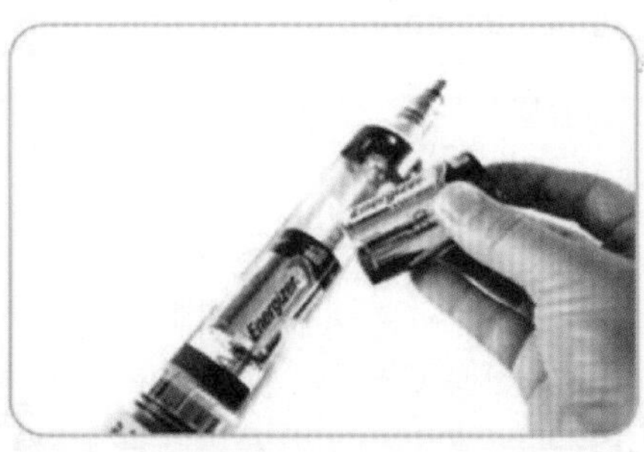

②装入2节碱性电池

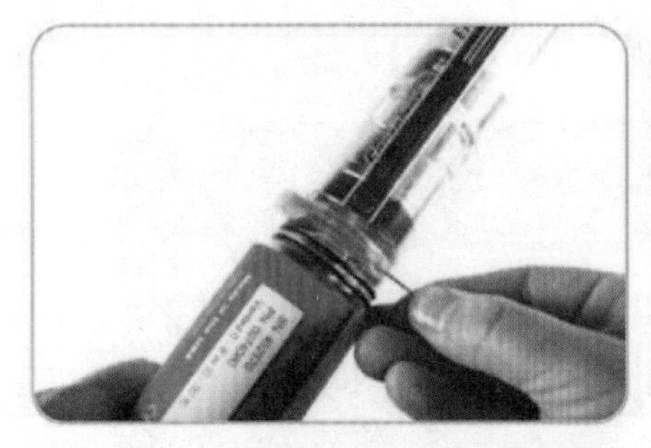

③用六角工具移出干燥剂检查,如显红色需更换

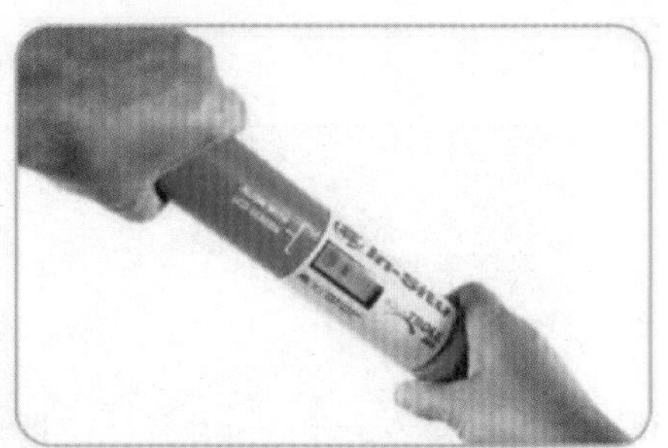

④拧紧电池仓,LCD屏将被激活

第二步,安装电动清洁毛刷和传感器。

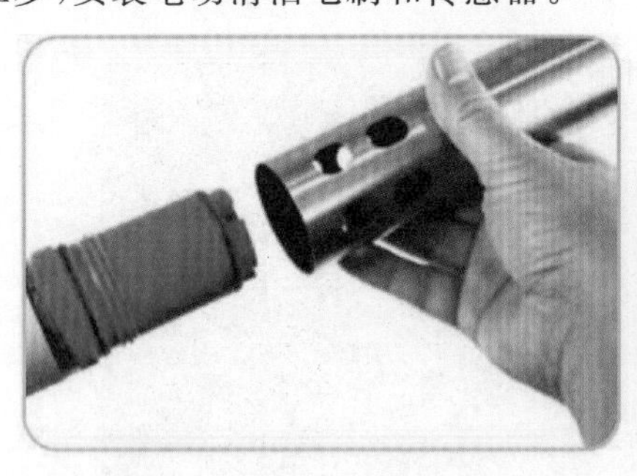

①拧开限流器,揭去保护贴纸

②取下防尘帽

③O形圈上涂润滑油

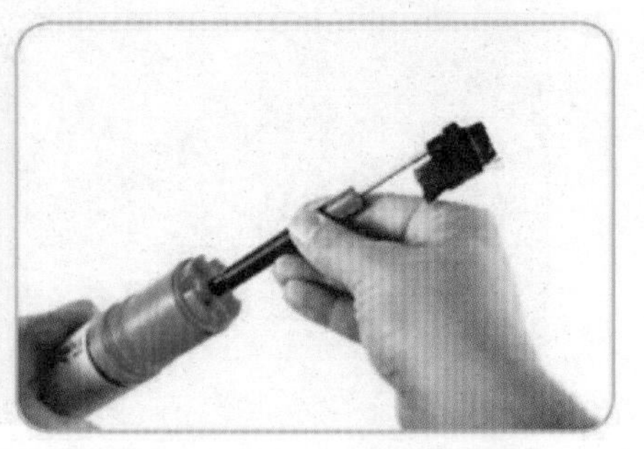

④将清洁毛刷插入中心位置孔位

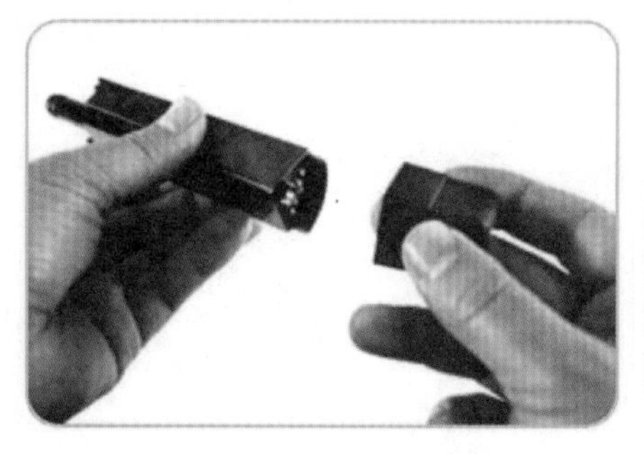

⑤取下PH/ORP电极防尘帽

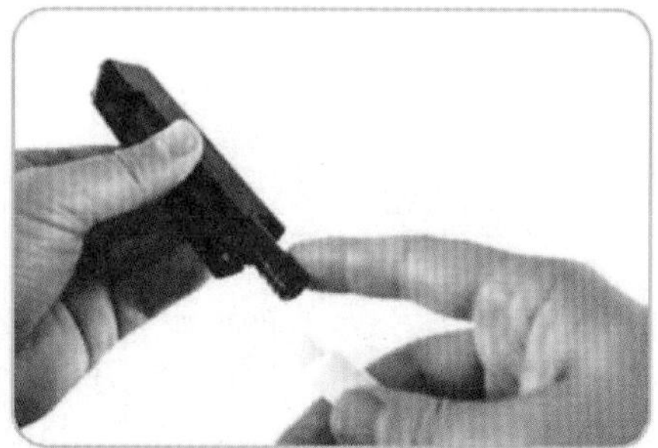

⑥O形圈上涂润滑油

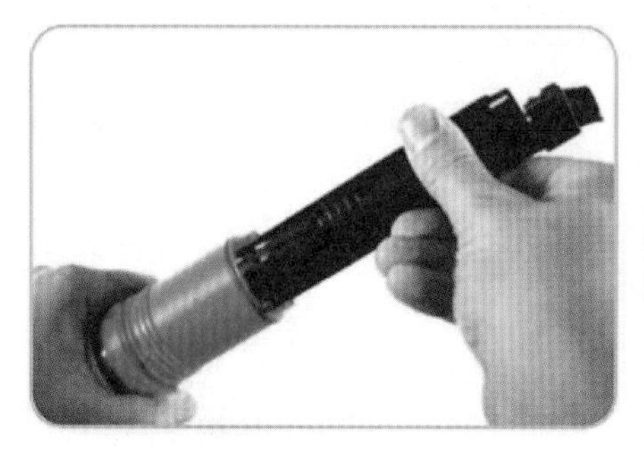

⑦将电极插入其中一个孔位

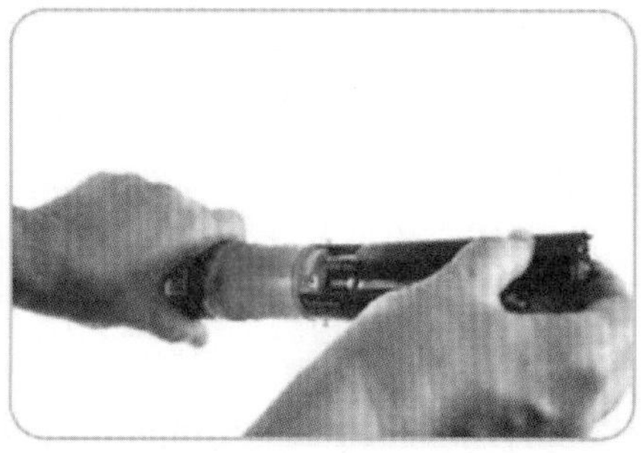

⑧将其余电极插入余下孔位

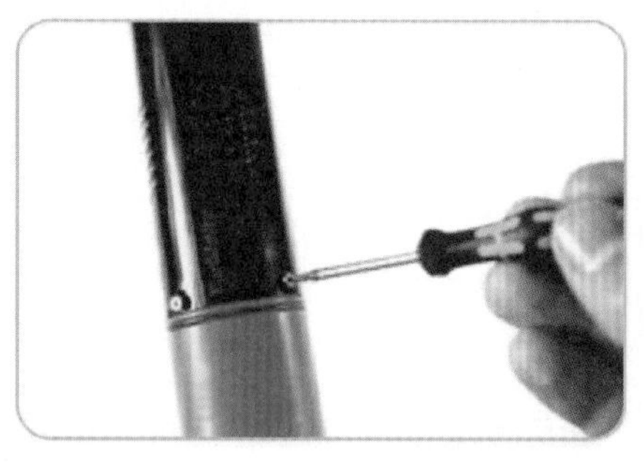

⑨用六角螺丝刀拧紧每个传感器上的紧固螺丝

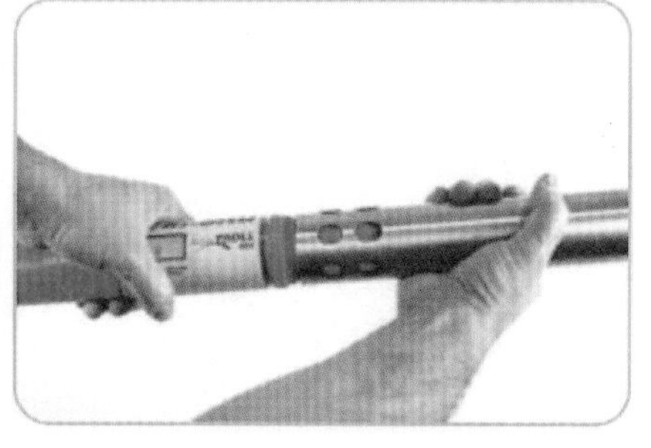

⑩重新安上限流器并拧紧

第三步，连接电缆。

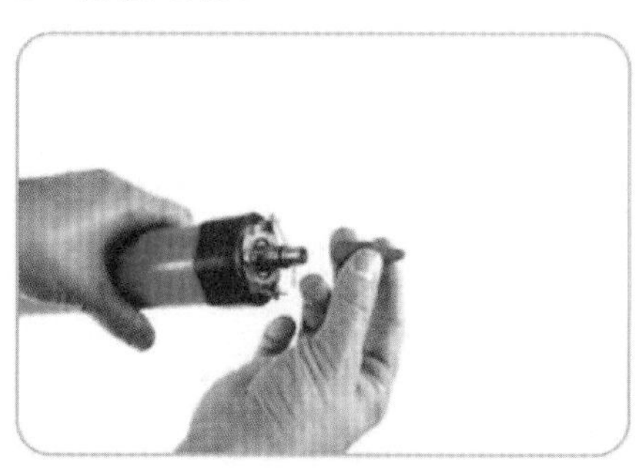

①取下防尘帽

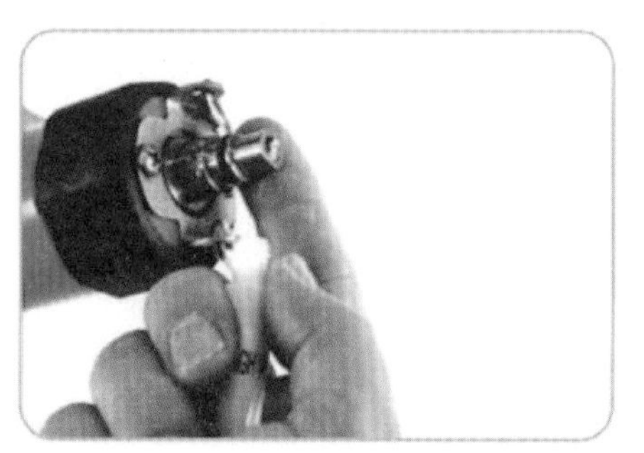

②确保仪器上的O形环清洁，涂上真空润滑油

③对齐主机和电缆的平面卡槽

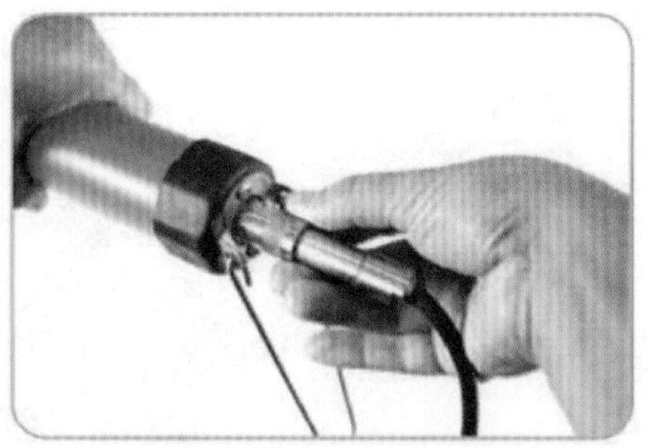

④一手握主机，另一只手按压并顺时针旋紧电缆接头直到听到“嗒”的一声

第四步，连接通信设备。

方法一：对齐电缆头和无线蓝牙盒接头平面卡槽，按压并顺时针旋紧电缆接头直到听到“嗒”的一声。

方法二：通过主机内置蓝牙直接连接 VuSitu 软件，探头方向朝上垂直握住仪器，LCD 屏将被激活。

第五步，连接软件。

①打开无线蓝牙盒电源或激活 LCD 屏，打开手机 VuSitu 软件。选择“选择或添加设备”选项；

②首次连接时选择添加新设备选项；

③从手机的蓝牙设置界面点击仪器序列号以连接该设备；

④点击设备返回键来查看已连接仪器界面。

(3)校准方法：一般需进行仪器 In-Situ Aqua TROLL 600 的校正和 RDO 溶解氧 100%饱和度校正。

In-Situ Aqua TROLL 600 校准步骤：

①彻底清洁冲洗主机和传感器后，调转限流器方向使之进入校准/存储模式。传感器方向朝上垂直握住仪器，使之激活。将校准液直接倒入限流器，直至没过传感器。

②保持仪器传感器方向朝上的状态，使用 VuSitu 或 Win-Situ 5 软件进行校准。

③进行完每个点的校准后(包括 pH 校准点)，倒掉校准液，卸下限流器并用去离子水或自来水彻底清洗所有部件。为了得到最佳结果，用水清洗后再用下一个点的校准液冲洗两次。

RDO 溶解氧 100%饱和度校正：

①卸下限流器上的橡胶缓冲圈和蓝色顶帽。

②拧下限流器，彻底擦干溶解氧传感器箔片和温度传感器。

③使用下列方法之一设置仪器。方案一：确保节流器处于存储/校准模式；用足够的水润湿海绵使之饱和；将海绵放在限流器底部；装上蓝色顶帽，拧一圈，不要完全拧紧，使限流器内密封。方案二：安装限流器到部署模式并拧紧蓝色顶帽；100%饱和度鼓泡器内装入一半自来水；打开鼓泡器电源，等待 5～10min，以使鼓泡器内水达到 100%饱和将仪器放入鼓泡器。

④使用 VuSitu 移动应用或 Win-Situ 5 软件执行传感器校准。

5. 硫化物

水体中硫化物包含溶解性的 H_2S、HS^- 和 S^{2-}，酸溶性的金属硫化物，以及不溶性的硫化物和有机硫化物。通常所测定的硫化物系指溶解性的及酸溶性的硫化物。测定水中硫化物的主要方法有对亚甲基蓝分光光度法、碘量法、气相分子吸收光谱法等。

亚甲基蓝分光光度法：在含高铁离子的酸性溶液中，硫离子与对氨基二甲基苯胺反应，生成蓝色的亚甲基蓝染料，颜色深度与水样中硫离子浓度成正比，于 665nm 波长处测其吸光度，与标准溶液的吸光度比较定量。该方法最低检出质量浓度为 0.02mg/L，测定上限为 0.8mg/L。

碘量法（HJ/T 60—2000）：水样中的硫化物与乙酸锌生成白色硫化锌沉淀，将其用酸溶解后，加入过量碘溶液，则碘与硫化物反应析出硫，用硫代硫酸钠标准溶液滴定剩余的碘，根据硫代硫酸钠溶液消耗量和水样体积，计算硫含量。

气相分子吸收光谱法（HJ/T 200—2005）：在水样中加入磷酸，将硫化物转化为 H_2S 气体，用净化空气载入气相分子吸收光谱仪的吸光管内，测定对 202.6nm 或 228.8nm 波长光的吸光度，与标准溶液的吸光度比较，确定水样中硫化物的浓度。测定范围为 0.005～10mg/L。

常用的硫化物测定仪器为 EFL200-3D 型硫酸盐测定仪（图 4-6-7），该产品配置包括：主机 1 台，比色管 10 支，硫酸盐试剂 1 套，电源线 1 根。

图 4-6-7　EFL200-3D 型硫酸盐测定仪

6. 活性磷酸盐

1）磷钼蓝分光光度法

测定海水中活性磷酸盐的方法为磷钼蓝分光光度法。

原理：在酸性介质中，锑盐存在条件下，活性磷酸盐与钼酸铵反应生成磷钼杂多酸，用抗坏血酸还原为磷钼蓝后，于 880nm 波长测定吸光值。并利用标准曲线法进行定量。该方法的检出限为 1.4mg/L，具体步骤如下。

（1）绘制标准曲线。量取磷酸盐标准使用溶液 0mL、0.75mL、1.50mL、2.25mL、

3.00mL、3.75mL、4.50mL、6mL 于 25mL 具塞比色管中，加水至 25mL 标线，混匀。

(2)各加 1.5mL 混合溶液，1.5mL 抗坏血酸溶液，混匀。显色 5min 后，注入 5cm 测定池中，以蒸馏水作为参比，于 882nm 波长处测定其吸光值 A_i，其中零浓度为标准空白吸光值 A_o。

(3)以吸光值(A_i-A_o)为纵坐标，相应的磷酸盐浓度(mg/L)为横坐标，绘制标准曲线。

(4)测定样品量取 25mL 经 0.45μm 微孔滤膜(用 0.5mol/L 的盐酸浸泡 1～2h)过滤的水样至具塞比色管中，按标准曲线绘制的步骤测定吸光值 A_w。同时量取 25mL 水按相同步骤测定分析空白吸光值 A_b。

根据标准曲线得到磷酸盐浓度。

2)磷酸盐测定仪

YB-1025T 磷酸盐测定仪(图 4-6-8)应用微电脑光电子比色检测原理取代传统的目视比色法，消除了人为误差，因此测量分辨率大大提高，可储存 20 条标准工作曲线，用户也可自行设定曲线。仪器包括微电脑、轻触式键盘、LCD 液晶显示屏。仪器内存储有全量程范围内标准曲线，具有断电保护，标定数据不会丢失，可自动调零和 5 点自动校正，数据有非线性处理及数据平滑功能。

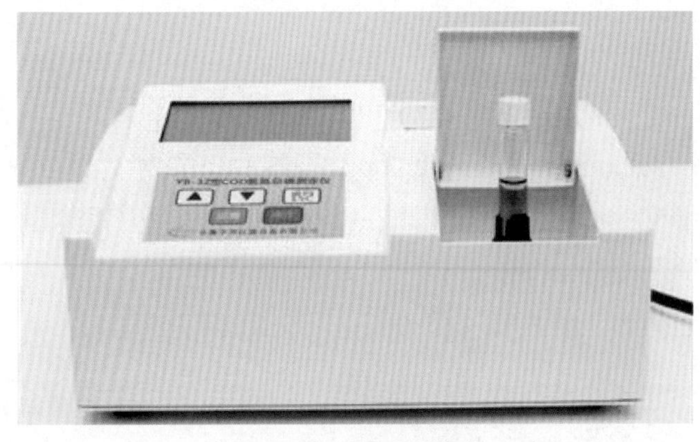

图 4-6-8　磷酸盐测定仪

7. 氰化物

海水中，氰化物的测定方法主要为异烟酸-吡唑啉酮分光光度法和吡啶-巴比妥酸分光光度法。

异烟酸-吡唑啉酮分光光度法：向水样中加入磷酸和 Na_2-EDTA(乙二胺四乙酸二钠)，在 pH<2 条件下，加热蒸馏，利用金属与 EDTA(乙二胺四乙酸)络合能力比氰离子络合能力强的特点，使络合氰化物离解处氰离子，并以氰化氢形式被蒸馏出来，并用氢氧化钠吸收。

在中性条件下，水样中的氯化物与氯胺 T 作用生成氯化氯；氯化氰与异烟酸作用，其生成物经水解生成戊烯二醛；戊烯二醛再与吡唑啉酮作用生成蓝色染料；在一定浓度范围内颜色深度与氰化物含量成正比，在分光光度计上于 638nm 波长处测量吸光度，与系列标准溶液的吸光度比较，确定水样中氰化物的含量。方法最低检出质量浓度为 2.1mg/L。

吡啶-巴比妥酸分光光度法：在中性条件下，氰离子与氯胺 T 的活性氯反应生成氯化氰，氯化氰与吡啶反应生成戊烯二醛;戊烯二醛与两个巴比妥酸分子缩合生成红紫色化合物;在一定浓度范围内,颜色深度与氯化物含量成正比,在分光光度计上于580nm波长处测量吸光度,与系列标准溶液的吸光度比较,确定水样中氰化物的含量。该方法最低检出质量浓度为1.0mg/L。

三、综合指标

1.化学需氧量

化学需氧量(COD)是指在一定条件下,氧化1L水样中还原性物质所消耗的氧化剂的量,以氧的质量浓度(mg/L)表示。测定海水化学需氧量的方法是碱性高锰酸钾法。

方法原理:在碱性加热条件下,用已知量并且是过量的高锰酸钾,氧化海水中的需氧物质;然后,在硫酸酸性条件下,用碘化钾还原过量的高锰酸钾和二氧化锰;所生成的游离碘用硫代硫酸钠标准溶液滴定。

方法步骤:取100mL水样于250mL锥形瓶中;加入1mL氢氧化钠溶液混匀,加10.00mL高锰钾溶液,混匀;于电热板上加热至沸腾,准确煮沸10min;然后迅速冷却到室温;用定量加液器加入5mL硫酸溶液,加0.5g碘化钾,混匀,在暗处放置5min;在不断振摇或电磁搅拌下,用已标定的硫代硫酸钠标准溶液滴定至溶液呈淡黄色,加入1mL淀粉溶液,继续滴至蓝色刚退去为止,记下滴定数V_1;另取100mL重蒸馏水代替水样,按步骤测定分析空白滴定值V_2。根据公式计算:

$$\mathrm{COD}=[c\times(V_2-V_1)\times 8.0/V]\times 1000$$

式中:c为硫代硫酸钠的浓度,mol/L;V_2为分析空白值滴定消耗硫代硫酸钠溶液的体积,mL;V_1为滴定样品时硫代硫酸钠的体积,mL;V为取水样体积,mL;COD为水样的化学需氧量,mg/L。

EFC-3B便携式COD快速测定仪(图4-6-9)产品配置包括:主机1台,消解仪1台,便携箱1个,消解比色管10支,试管架1个,COD测定仪专用试剂1套,消解防护罩1个。

图4-6-9 EFC-3B便携式COD快速测定仪

2.生化需氧量

有机物在微生物作用下好氧分解分为两个阶段。第一阶段称为含碳物质氧化阶段。主要是含碳有机物氧化为二氧化碳和水。第二阶段称为分解阶段，主要是含氧有机物在消化菌的作用下分解为亚硝酸盐和硝酸盐。两个阶段分主次同时进行，消化阶段在5～7d甚至10d以后才显著进行，故目前广泛采用五日培养法，其测定的消耗氧量称为五日生化需氧量，即BOD_5。

五日培养法的测定原理：将水样或经稀释水样充满溶解氧瓶，密闭后在暗处20℃条件下培养5d±4h或(2+5)d±4h[先在0～4℃暗处培养2d，接着在20±1°C暗处培养5d]，求出培养前后水样中溶解氧含量，根据二者的差值计算每升水样消耗的溶解氧量，即为BOD_5。如果水样BOD_5大于6mg/L，需进行适当稀释后再测定，否则可直接测定。溶解氧测定方法一般用叠氮化钠修正法或氧电极法。该种方法常用仪器为ET-BOD直读型BOD测定仪(图4-6-10)。

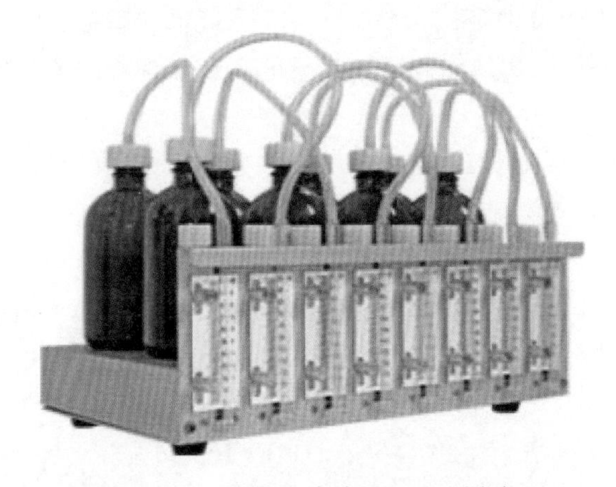

图4-6-10　EF-BOD直读型BOD测定仪

3. 金属化合物的测定

1)铝

铝的测定方法为电感耦合等离子体原子发射光谱法(ICP-AES)。

该方法是以电感耦合等离子体焰炬为激发光源的发射光谱分析方法。电感耦合等离子体原子发射光谱仪由电感耦合等离子体焰炬(图4-6-11)、进样器、分光器、控制和检测系统等组成。电感耦合等离子体焰炬由高频电发生器和感应圈、炬管、样品引进和供气系统(载气、辅助气、冷却气)组成。高频电发生器和感应圈提供电磁能量。炬管由3个同心石英管组成，分别通入载气、冷却气、辅助气(均为氩气)，当用高频点火装置发生火花后形成等离子体焰炬，对由载气带来的气溶胶样品进行原子化、电离、激发。进样器为利用气流提升和分散样品的雾化器，雾化后的样品送入电感耦合等离子矩的载气流。分光器由透镜、光栅等组成，用于将各元素发射的特征光按波长依次分开。控制和检测系统由光电转换及测量部件、微型计算机和指示记录器件组成。

测定要点：

①水样预处理：如测定溶解态元素，采样后立即用0.45m滤膜过滤，取所需体积滤液，加入浓硝酸消解。如测定元素总量，取所需体积均匀水样，用浓硝酸消解。消解好后，均需定容至原取样体积，并使溶液保持硝酸质量分数为5%的酸度。

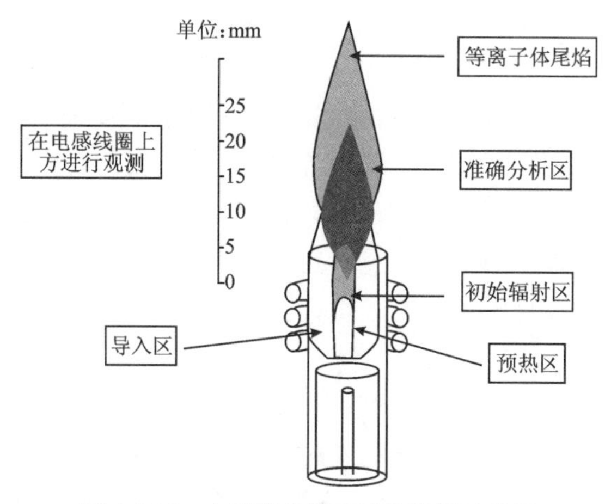

图 4-6-11 电感耦合等离子体焰炬示意图

②溶液配制:配制标准溶液和试剂空白溶液。

③测定:调节好仪器工作参数,选两个标准溶液进行两点校正后,依次将试剂空白溶液,较水样喷入电感耦合等离子体焰炬测定,扣除空白值后的元素测定值即为水样中该元素的浓度。

2)汞

汞及其化合物属于剧毒物质。汞的测定方法有双硫腙分光光度法、冷原子吸收分光光度法、冷原子荧光光谱法。

(1)双硫腙分光光度法:分光光度法是建立在分子吸收光谱基础上的分析方法。分光光度法的应用光区包括紫外光区(10～400nm)、可见光区(400～780nm)和红外光区(780nm～300pm)。在用分光光度法进行检测时,往往将被测物质转化成有色物质,测其对特征光的吸光度,与标准物质的吸光度比较,确定被测物质含量。

汞的测定:水样在酸性介质中于95℃用高锰酸钾溶液和过硫酸钾溶液(氧化剂)消解,将无机汞和有机汞转化为二价汞后,用盐酸羟胺还原过剩的氧化剂,加入双硫腙溶液,与汞离子反应生成橙色螯合物,用三氯甲烷或四氯化碳萃取,再加入碱溶液洗去萃取液中过量的双硫腙,于485nm波长处测其吸光度,以标准曲线法定量。

(2)冷原子吸收分光光度法(HJ 597—2011):水样经消解后,将各种形态的汞转变成二价汞,用氯化亚锡将二价汞还原为单质汞。利用汞极易挥发的特点,在室温下通入空气或氮气将其载入冷原子吸收测汞仪,测量对特征波长(253.7nm)的光的吸光度,与汞标准溶液的吸光度进行比较定量。在一定浓度范围内,吸光度与浓度成正比。

测定要点:

①水样预处理:在硫酸-硝酸介质中,加入高锰酸钾和过硫酸钾溶液,于近沸或煮沸状态下消解水样。过量的氧化剂在测定前用盐酸羟胺溶液还原。

②空白样品制备:用无汞蒸馏水代替水样,按照水样制备步骤制备空白样品。

③绘制标准曲线:按照水样介质条件,配制系列汞标准溶液。分别吸取适量注入汞还原瓶内,加入氯化亚锡溶液,迅速通入载气,记录指示表最高读数或记录仪记录的峰高。用同样

方法测定空白样品。以扣除空白后的各测定值为纵坐标，响应标准溶液的浓度为横坐标，绘制出标准曲线。

④水样测定：取适量处理好的水样与汞还原瓶中，按照测定标准溶液的方法测其最高读数或峰高，从标准曲线上查得汞的浓度，再乘以水样稀释倍数，即得水样汞的浓度。

(3)冷原子荧光光谱法：水样中的汞离子被还原剂还原为单质汞，形成汞蒸气，其基态汞原子受到波长 253.7nm 的紫外光激发，当激发态的汞原子去激发时便辐射出相同波长的荧光，在给定的条件下和较低的质量浓度范围内，荧光强度与汞浓度成正比。方法检出限为 0.0015μg/L，测定下限为0.006μg/L。

3)镉

测定镉的主要方法有原子吸收分光光度法(GB 7475—87)，简称原子吸收法，另有定量分析法、溶剂萃取-火焰原子吸收光谱法、流动注射-火焰原子吸收光谱法。

(1)原子吸收分光光度法(GB 7475—87)：测定原理为将含待测元素的溶液通过原子化系统喷成细雾，随载气进入火焰，并在火焰中解离成基态原子。当空心阴极灯辐射出待测元素的特征光通过火焰时，因被火焰中待测元素的基态原子吸收而减弱。在一定实验条件下，特征光强的变化与火焰中待测元素基态原子的浓度有定量关系，故只要测得吸光度，就可以求出样品溶液中待测元素的浓度。

(2)定量分析方法：常用的定量分析方法主要有标准曲线法。标准曲线法同分光光度法一样，先配制相同基体的含有不同浓度待测元素的系列标准溶液，分别测其吸光度，以扣除空白值之后的吸光度为纵坐标，对应的标准溶液浓度为横坐标绘制标准曲线。在同样操作条件下测定样品溶液的吸光度，从标准曲线查得样品溶液的浓度。使用该方法时应注意：配制的标准溶液浓度应在吸光度与浓度成线性关系的范围内；整个分过程中操作条件应保持不变。

(3)溶剂萃取-火焰原子吸收光谱法：该方法适用于镉、铜、铅含量低，需进行富集后测定的水样。测定时，将清洁水样或经消解的水样中待测金属离子在酸性介质中与吡咯烷二硫代甲酸铵(APDC)生成络合物，用甲基异丁基酮(MIBK)萃取后，喷入火焰进行吸光度的测定。

(4)流动注射-火焰原子吸收光谱法：流动注射是一种用于需要预处理样品的进样技术，它与分析仪器和电子控制部件相结合，可实现间歇自动监测。该技术与火焰原子吸收光谱法结合。

测定原理：取适量除去悬浮物的水样，用乙酸-乙酸钠缓冲溶液配制成 pH＝5.7 的样品溶液并定容后，借助蠕动泵以一定流量送入 NP 多氨基磷酸盐树脂柱，富集镉 1～5min，再切换液路，将 1.5mol/L 的 HNO_3 溶液送入树脂柱，快速洗脱出镉，并随载液喷入原子吸收分光光度计的火焰测定吸光度，由记录仪记录瞬时峰高，与在同样条件下测得标准溶液中相应元素的瞬时峰高比较进行定量。该方法镉最低检出质量浓度为 2μg/L。

4)铅

测定水体中铅的方法与测定镉的方法相同，广泛采用原子吸收光谱法和双硫腙分光光度法。

双硫腙分光光度法(GB 7471—87)：基于在 pH＝8.5～9.5 的氨性柠檬酸盐-氰化物的还原介质中，铅与双硫腙反应生成红色螯合物，用三氯甲烷萃取后与 510nm 波长处测定吸光度。

测定时，要特别注意器皿、试剂及去离子水是否含痕量铅。Bi^{3+}、Sn^{2+}等干扰测定，可预先在 pH＝2～3 的条件下用双硫腙三氯甲烷溶液萃取分离。为防止双硫腙被一些氧化性物质如 Fe^{3+} 等氧化，需在氨性介质中加入盐酸羟胺。

5)铜

测定水中铜的方法主要为分光光度法。

(1)二乙氨基二硫代甲酸钠分光光度法(HJ 485—2009)：测定原理为在 pH＝8～10 的氨性溶液中，铜离子与二乙氨基二硫代甲酸钠(铜试剂，简写为 DDTC)作用，生成摩尔比为 1∶2 的黄棕色胶体络合物。该络合物可被三氯甲烷或四氯化碳萃取，其最大吸收波长为 440nm。在测定条件下，有色络合物可以稳定 1h，但当水样中含铁、锰、镍、钴和铋等离子时，也与 DDTC 生成有色络合物，干扰铜的测定，均可用 EDTA 和柠檬酸铵掩蔽消除。使用 20mm 比色皿，萃取用样品体积为 50mL，方法检出限为 0.010mg/L，测定下限为 0.040mg/L；使用 10mm 比色皿，萃取用样品体积为 10mL，测定上限为 6.00mg/L。

(2)2,9-二甲基-1,10-菲咯啉分光光度法(HJ 486—2009)：用盐酸羟胺将二价铜离子还原为亚铜离子，在中性或微酸性溶液中，亚铜离子和 2,9-二甲基-1,10-菲咯啉反应生成黄色络合物，可于波长 457nm 处直接测量吸光度；也可采用萃取光度法，即用三氯甲烷萃取，萃取液保存在三氯甲烷-甲醇混合溶液中，于波长 457nm 处测量吸光度。

6)锌

锌的测定可采用原子吸收光谱法(GB 7475—87)，这与镉的测定方法相同，此外可采用双硫腙分光光度法。

双硫腙分光光度法测定原理：在 pH＝4.0～5.0 的乙酸盐缓冲溶液中，锌离子与双硫腙反应生成红色螯合物，用三氯甲烷或四氯化碳萃取后，于其最大吸收波长 535nm 处，以四氯化碳作为参比，测其经空白校正后的吸光度，用标准曲线法定量。

使用 20mm 比色皿，萃取用样品体积为 100mL，锌的最低检出质量浓度为 0.005mg/L。

7)铬

水中铬的测定方法主要有二苯碳酰二肼分光光度法、火焰原子吸收光谱法和硫酸亚铁铵滴定法。

(1)二苯碳酰二肼分光光度法(GB 7467—87)：六价铬的测定是在在酸性介质中，六价铬与二苯碳酰二肼(DPC)反应，生成紫红色络合物，与 540nm 波长处用分光光度法测定。

测定要点：配制系列铬标准溶液。将测得的吸光度经空白校正后，绘制吸光度对六价铬含量的标准曲线，取适量清洁水样或预处理的水样，加酸、显色、定容，以水作为参比测其吸光度并做空白校正，从标准曲线上查得并计算水样中六价铬的含量。

总铬的测定：在酸性溶液中，首先将水样中的三价铬用高锰酸钾氧化成六价铬，过量的高锰酸钾用亚硝酸钠分解，过量的亚硝酸钠用尿素分解；然后加入二苯碳酰二肼显色，于 540nm 波长处用分光光度法测定。最低检出质量浓度同六价铬。

(2)火焰原子吸收光谱法(测定总铬)：测定原理为将经消解处理的水样喷入空气-乙炔富燃(黄色)火焰，铬的化合物被原子化，于 357.9nm 波长处测其吸光度，用标准曲线法进行定量。

该方法最佳测定范围为0.1～5mg/L，适用于地表水和废(污)水中总铬的测定。

共存元素的干扰受火焰状态和观测高度的影响较大，要特别注意保持仪器工作条件的稳定性。铬的化合物在火焰中易生成难以熔融和原子化的氧化物，可在样品溶液中加入适当的助熔剂和干扰元素的抑制剂，如加入 NH_4Cl 可增加火焰中的氯离子，使铬生成易于挥发和原子化的氯化物；NH_4Cl 还能抑制铁、钴、镍、钒、铝、铅、镁等元素的干扰。

测定要点：使用 HNO_3-H_2O_2 消解水样，加入适量 NH_4Cl 和盐酸后定容；配制铬标准储备液、系列铬标准溶液和试剂空白溶液，测量后二者的吸光度，绘制标准曲线；按相同方法测量试液的吸光度，减去试剂空白吸光度后，从标准曲线上求出铬含量。

(3)硫酸亚铁铵滴定法：测定原理为在酸性介质中，以银盐作催化剂，用过硫酸铵将三价铬氧化成六价铬，加入少量氯化钠并煮沸，除去过量的过硫酸铵和反应中产生的氯气。以苯基代邻氨基苯甲酸作指示剂，用硫酸亚铁铵标准溶液滴定，至溶液呈亮绿色。

根据硫酸亚铁铵溶液的浓度和进行试剂空白校正后的用量，可计算处水样中总铬的含量。

8)砷

(1)新银盐分光光度法：该方法基于用硼氢化钾在酸性溶液中产生新生态氢，将水样中无机砷还原成砷化氢(AsH_3)气体，用硝酸-硝酸银-聚乙烯醇-乙醇溶液吸收，则砷化氢将吸收液中的银离子还原成单质胶体银，使溶液呈黄色，其颜色强度与生成氢化物的量成正比。该黄色溶液对400nm光有最大吸收，且吸收峰形对称。以空白吸收液为参比测其吸光度，用标准曲线法测量。

(2)二乙氨基二硫代甲酸银分光光度法(GB 7485—87)：在碘化钾、酸性氯化亚锡作用下，五价砷被还原为三价砷，并与新生态氢反应，生成气态砷化氢，被二乙氨基二硫代甲酸银-三乙醇胺的三氯甲烷溶液吸收，生成红色的胶体银，在510nm波长处，以三氯甲烷为参比测其经空白校正后的吸光度，用标准曲线法定量。

清洁水样可直接取样加硫酸后测定，含有机物的水样应用硝酸-硫酸消解。水样中共存锑、铋和硫化物时干扰测定。氯化亚锡和碘化钾的存在可抑制锑、铋的干扰，硫化物可用乙酸铅棉吸收法去除。该方法最低检出质量浓度为0.007mg/L，测定上限为0.50mg/L。

第七节　常见的滨岸现代沉积研究手段

北戴河地区多发育碎屑滨岸。碎屑滨岸带属于海陆过渡的环境，对其沉积的研究方法不完全同于陆上也不完全同于海洋。碎屑滨岸带的沉积特征主要取决于两个基本的能量因素，即波浪和潮汐。目前，对于碎屑滨岸带沉积的研究方法主要分为两大类，即实验模拟的方法和实际观测的方法。

一、实验模拟

实验模拟是在人为控制研究对象的条件下进行观察，模仿实际的某些条件进行的实验。

具体到碎屑滨岸带沉积研究，即在实验室内通过实验手段来模拟不同水动力条件下滨岸带沉积物的沉积情况。对碎屑滨岸带沉积进行研究的试验模拟的方法主要有数值模拟和物理模拟两种，其中水槽实验是物理模拟的常见手段。物理模拟是数值模拟的基础，可以验证数值模拟的正确性；数值模拟反过来可以有效地指导物理模拟，使物理模拟具有一定的前瞻性。应当说，二者是相辅相成的，对滨岸带沉积的研究可以起到相互促进的作用。

1. 数值模拟

数值模拟也叫计算机模拟。依靠电子计算机，结合有限元或有限容积的概念，通过数值计算和图像显示的方法，达到对工程问题乃至自然界各类问题研究的目的。数值模拟具有经济、方便等优点，逐渐受到了人们的重视，并被广泛应用。在碎屑滨岸带沉积研究中，我们可以通过数值模拟来演化或预测不同水动力条件下的碎屑滨岸带沉积的情况，其中最常用的沉积研究对象为波浪。

波浪在滨岸带会破碎直至消亡，在该过程中其携带的碎屑物质就会沉积下来。通过数值模拟，我们可以得到在滨岸带不同情况下波浪的时空分布情况。对于波浪的数值模拟的研究已有七八十年的历史[40—42]（图 4-7-1）。数值模拟的关键在于建模，即数学模型的选择。目前，对于波浪的数值模拟的数学模型主要有经验模型和数值模型两大类。

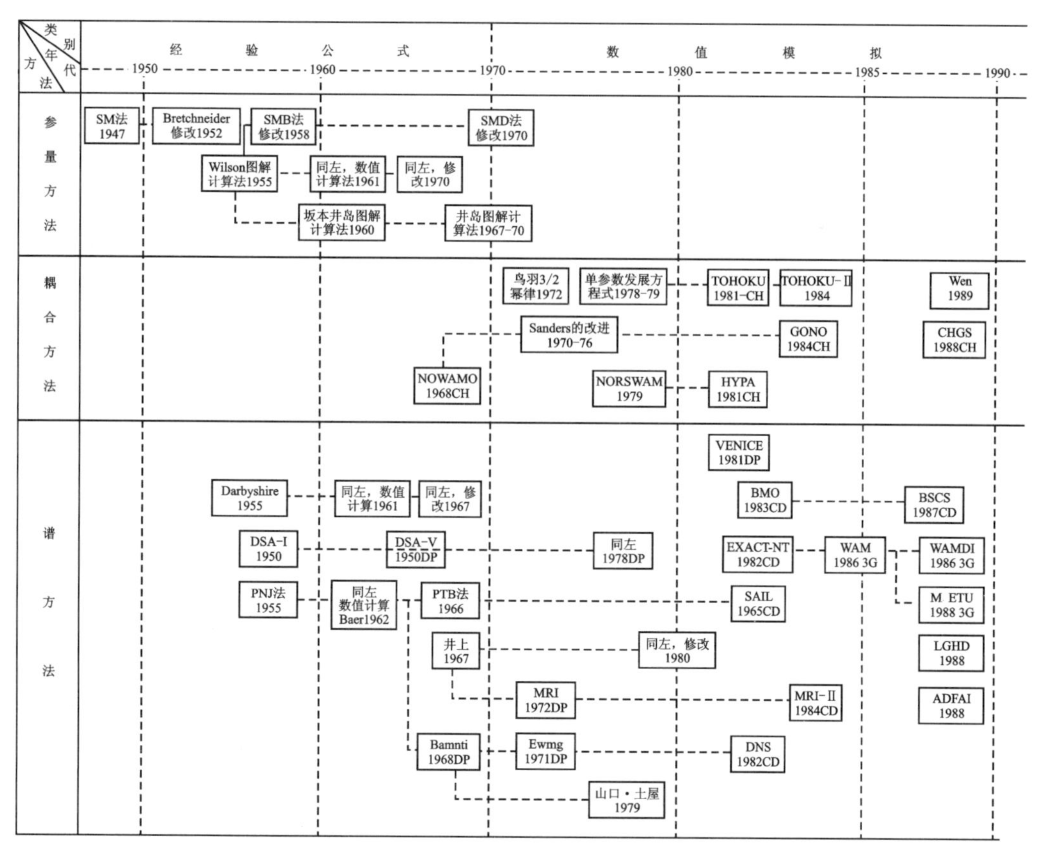

图 4-7-1 波浪模拟数学模型发展历史[42]

经验模型以 SMB 法等为代表，这些模型基本上是根据经验的或半经验半理论的风-浪相关关系式提出的海浪计算方法。这些模型缺乏严格的物理和数学基础，而且在实际应用上也有限。因为它们只能根据局地的情况来推算某一个点（或很小范围内）的波况，同时也不能反映整个波浪破碎的演化过程。但一些经验模型由于其简单易行，能满足一般性滨岸带沉积研究中波浪计算的精度要求，因而直到今天也不失为有效的波浪计算方法。

数值模型以 WAM 模式等为代表，其建立在严格的物理和数学基础上。数值模型可以有效地模拟大范围的波浪演化过程。但数值模型是建立在一定的假设基础上的，并不一定与实际情况一致。

无论是哪一种波浪的数值模拟，其都依赖于高性能的计算机以及专业的模拟软件，目前常用的模拟软件是 MATLAB 编程软件。MATLAB 是一种将数值分析、矩阵计算、科学数据可视化以及非线性动态系统的建模和仿真等诸多强大功能集成在一个易于使用的视窗环境中的软件，为科学研究、工程设计以及必须进行有效数值计算的众多科学领域提供了一种全面的解决方案。在碎屑滨岸带沉积研究中，利用 MATLAB 编程软件，导入相应的数学模型，模拟场景尺度、风速、时间等参数可以根据需要自由设定，输入后即可得到不同条件下的波浪分布情况，并且可以提取波高等参数，非常方便（图 4-7-2）。

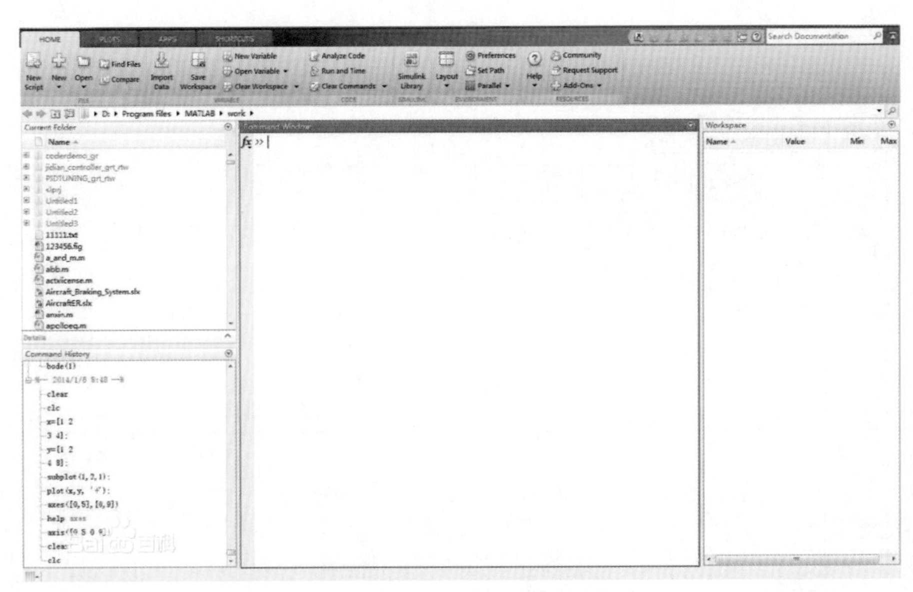

图 4-7-2　MATLAB 软件界面

2. 水槽实验

所谓水槽实验就是依据相似原理，在室内利用水介质和人工地形模型来模拟实际中的沉积情况[43—44]。利用水槽实验，可以观察不同条件下沉积物沉积的整个动态过程，这在野外实际中是无法做到的（图 4-7-3、图 4-7-4），并且相对于野外实际，水槽规模较小，便于观察。

水槽实验是依靠沉积结果来反演沉积条件，从而逼近沉积结果的一种模拟。水槽实验的关键是要解决水槽模型与真实沉积环境之间相似性的问题。也就是说，水槽模型在多大程度上与真实沉积环境具有可比性是成败的标准。为此水槽实验必须遵从一定的理论，这种理论

图 4-7-3　水槽实验实物图

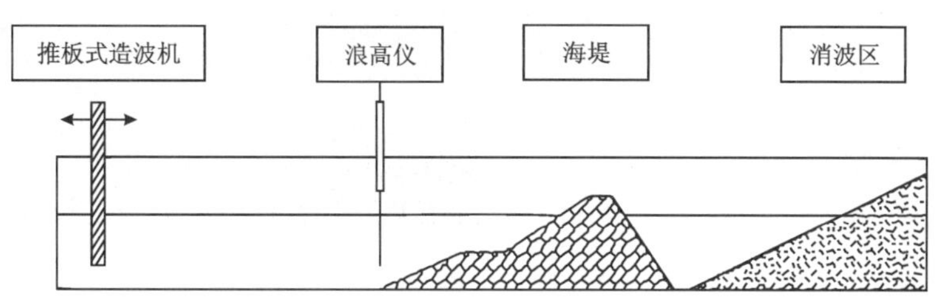

图 4-7-4　波浪水槽示意图

可称之为相似理论。水槽模型与真实沉积环境之间必须遵守的相似理论包括几何相似、运动相似以及动力相似。

目前水槽实验仍存在有一些问题，主要有 3 个方面：一是实验条件，忽视了自然环境下普遍存在的沉积条件，如非均质流；二是实验内容，对沙体规模和延伸的定量预测不够；三是实验目的，对实际应用考虑不足。

虽然水槽实验有以上的不足之处，但在碎屑滨岸带沉积研究方面还是提供了一个重要的手段。利用水槽实验，我们可以模拟不同地形条件以及不同水动力条件下的滨岸带波浪沉积的沉积物分布情况。

自由表面重力波是船舶工程、海洋工程和海岸工程领域十分普遍的现象，配备造波机的波浪水槽是模拟波浪与二维结构物相互作用的常用实验设备。

通过给定造波信号由液压泵或进步电机控制推板运动，在波浪水槽中产生特定波列。距离造波板 2～3 个波长外可以略去局部非传播模态的影响，可认为水槽中为进行波。在水槽中通过浪高仪可以测量水槽中不同位置的波面时间过程线。水槽中常用测力天平和压力传感器测量水动力荷载。水槽末端设置多孔介质构成的消波区，消除反射波。

二、实际观测

实际观测即在滨岸带采取实际的沉积物样品来观察沉积物的沉积层理以及沉积物的组成，如粒度分布。目前常用的滨岸带沉积物采集方法有沉降板法、揭片法、柱状取样法以及浅地层剖面探测 4 种方法。此外，在实际观测的基础上，经常还需辅助一些实验测试手段，如粒度分析、X 衍射测试以及释光测年等。

1. 沉降板法

沉降板最开始是应用在工程上的，主要用于软基上面做建筑结构或者填土观测用的，后来有人也使用沉降板来研究滨岸带沉积尤其是潮汐沉积。沉降板由钢板、侧杆和保护套管组成。底板尺寸为 120cm×50cm×3cm，侧杆采用 Φ40mm 钢管，与底板固定在垂直位置上，保护套采用塑料套管，套管尺寸以能套住侧杆并使标尺能进入测头为宜(图 4-7-5)。

图 4-7-5 沉降板实物图

在研究潮汐沉积的实际操作时，为了使沉降板实验可以顺利进行，实验一般安排在大潮期间，这期间天气相对稳定。潮坪植被比较发育，底栖动物活动较频繁，也存在一定的人类活动，还发育潮沟。因此，在实验的同时需要测量记录潮坪植被种类、分布面积、底栖动物种类和分布、潮沟发育情况及人类活动等信息。

无论是纵向还是横向，潮坪不同部位的水动力条件、泥沙粒度、局部地形等都存在着一定的差异，为了可以反映不同部位的潮周期沉积情况，沿一定的方向需要均匀地布置一定数量的实验路线。每条路线上需要放置一定数量的沉降板(摩擦系数各异，尽量接近潮坪的自然状况)，每一个沉降板放置点都需要精确定位。在潮水位于最低潮位时布置沉降板，经过一次完整潮周期之后，将沉降板上的沉积物连同沉降板收回。需要注意的是，局部地区可能受到风浪等影响使得沉降板被冲，而有的实验区可能出现潮水无法淹没的情况。

室内将沉降板上的沉积物转移到大烧杯中，经过滤、烘干，之后称量沉积物的质量，并换算成沉积厚度。沉降板所收取的沉积物可以使用相关仪器进行粒度分析，得到不同粒径沉积物的含量以及平均粒度等。最后，根据室内外的数据就可以综合分析出潮周期的沉积变化。

2. 揭片法

在地质研究中，揭片发最先应用于土壤的研究，由于滨岸带沉积物有着与土壤相似的松散的特征，故揭片法也可以用于滨岸带沉积物的研究。所谓揭片法，即采用某种胶着剂(如聚醋酸乙烯，俗称白乳胶)把保持着自然特征(颜色、成分、结构、构造等)的土(滨岸带沉积物)，揭制成一定厚度(通常 0.5～2mm)的土(滨岸带沉积物)片，以便于长期保存和研究。在揭片上，我们可以直观地观察到沉积物的沉积层理以及粒度的分布[45](图 4-7-6)。

制作揭片的工具有钢丝弓、切土刀、航模刨(用于刨切干硬状态的沉积物)以及油刷等。主要的操作程序为：首先修整被揭表面，然后铺上底片，最后深刷胶剂。使用切土刀修整被揭表面时，不可反复用力压削，否则会造成结构构造形态的变形。揭片底片可选用渗透性良好

图 4-7-6　制备完成的揭片实物

的纱布，底片面积应略大于被揭面。胶剂种类众多，较佳者为聚醋酸乙烯（俗称白乳胶）。胶着剂的浓度、深刷层次视沉积物的种类而异。如粉细砂至中粗砂（包含有一定数量的小砾），用胶可稠些，深刷 3～4 次。黏土不易揭制，尤其要注意使用胶剂的浓度；揭制完成的揭片以自然风干为宜（可辅助以空调），忌高温烘干与暴晒。

3. 柱状取样法

柱状取样法就是靠人力将圆柱状的取样器打入沉积物之中以获得柱状沉积物样品的方法[46]。通过对沉积物柱状样的观察以及进一步的实验测试，我们可以得到垂向上滨岸带沉积物层理的变化、粒度的变化、水动力条件的变化等信息（图 4-7-7）。

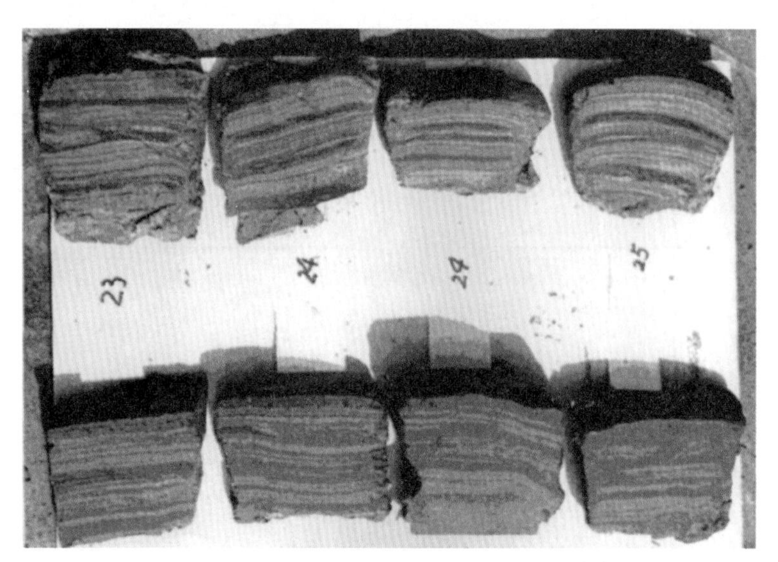

图 4-7-7　滨岸潮坪沉积物柱状样实物图[46]

类似于沉降板法，在实验的同时需要测量记录潮坪植被种类、分布面积、底栖动物种类和分布、潮沟发育情况和人类活动等信息。为了反映整个研究区的沉积环境，取样点要尽可能地多，并且均匀分布于整个研究区。每一个取样点都需要精确定位。

4. 浅地层剖面探测法

滨岸带的临滨部分经常淹没在海水中，此时可采用浅地层剖面探测法来研究沉积的浅层地层。浅地层剖面探测是一种基于水声学原理的连续走航式探测水下浅部地层结构和构造的地球物理方法。浅地层剖面仪(Sub-bottom Profiler)又称浅地层地震剖面仪，是在超宽频海底剖面仪基础上的改进，是利用声波探测浅地层剖面结构和构造的仪器设备。它以声学剖面图形反映浅地层组织结构，具有很高的分辨率，能够经济高效地探测海底浅地层剖面结构和构造。

浅地层剖面仪是在测深仪基础上发展起来的，只不过其发射频率更低，声波信号通过水体穿透床底后继续向底床更深层穿透，结合地质解释可以探测到海底以下浅部地层的结构和构造情况。浅地层剖面探测在地层分辨率(一般为数十厘米)和地层穿透深度(一般为近百米)方面有较高的性能，并可以任意选择扫频信号组合，现场实时设计调整工作参量，可以在航道勘测中测量海底浮泥厚度，也可以勘测海上油田钻井平台基岩深度(图 4-7-8)。浅地层剖面仪采用的技术主要包括压电陶瓷式、声参量阵式、电火花式和电磁式 4 种。

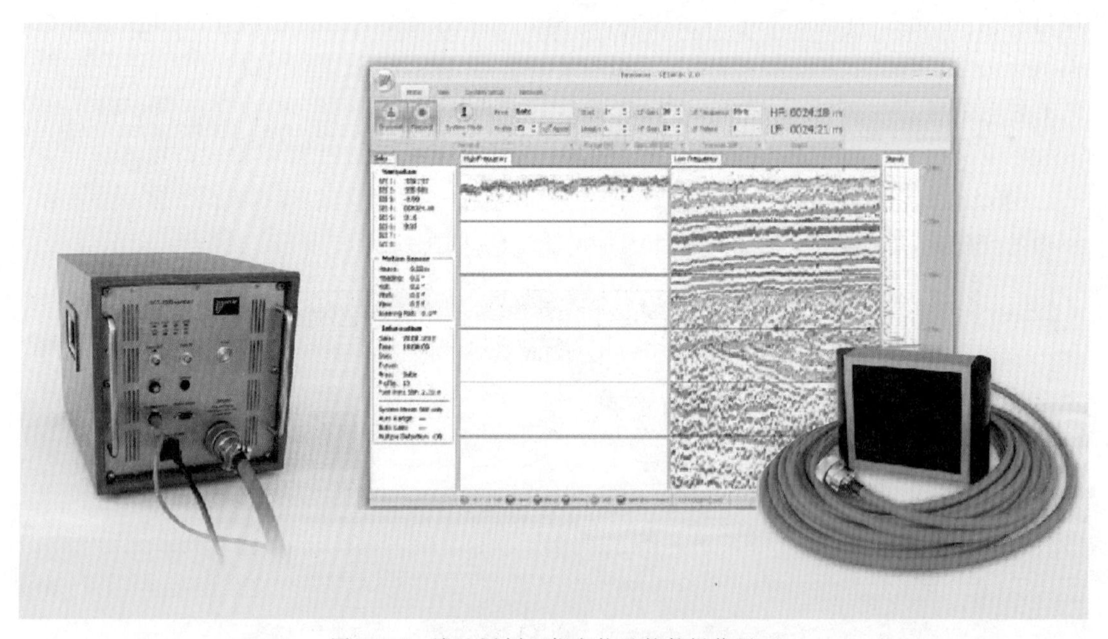

图 4-7-8　浅地层剖面仪实物及软件操作界面

剖面仪分为水下单元(湿端)、甲板单元(干端)和系统软件。探测船在走航过程中，设置在船上或其拖曳体上的换能器向水下铅直发射大功率低频脉冲的声波，抵达水底时，部分反射，部分向地层深处传播；由于地层结构复杂，在不同界面上又都有部分声波被反射，这样根据这些反射界面的特性和深度不同，在船上接收到回波信号的时间和强度也不同；通过对回波信号的放大和滤波等处理后，送入记录器，就可以在移动的干式记录纸上显现不同灰度的点组成的线条，清晰地描绘出地层的剖面结构。

浅地层剖面探测法的准确度受海底底质、噪声以及船只摆动的影响。海底地质构造状况，尤其是海底底质类型特性决定仪器所能勘测的深度范围。浅地层剖面探测深度砂质海底小于 30m，泥质海底可达 100 多米，两者存在巨大的差异，处于系统带宽范围内的外界声源信号都可能串入造成干扰信号图像。噪声在浅地层剖面记录上可能都会或多或少地显示出来，会降低勘测数据质量，甚至对判读、解译结果产生重大的影响；船速和航向不稳定以及涌浪等外界因素会造成船只摇摆，使拖曳体不能保持平稳状态，造成图像效果不佳。

5. 常用实验测试手段

在实际观测的基础上，经常还需辅助一些实验测试手段，如粒度分析、X 衍射测试以及释光测年等。这些实验测试有助于我们进一步了解滨岸沉积物的沉积条件以及物源等信息。

1)粒度分析

粒度是沉积物的重要结构特征，是其分类命名的基础。粒度在沉积学研究中有着较广泛的应用，其结果是沉积环境研究、物质运动方式判定、水动力条件研究和粒径趋势分析等研究工作的重要基础资料。对沉积物粒度的分析需要借助于粒度仪。粒度仪分为 3 类：纳米粒度仪、激光粒度仪和单颗粒光阻法粒度仪。目前中国地质大学(武汉)拥有激光粒度仪，可以进行相关的测试。

激光粒度仪是通过颗粒的衍射或散射光的空间分布(散射谱)来分析颗粒大小的仪器，采用 Furanhofer 衍射及 Mie 散射理论，测试过程不受温度变化、介质黏度、试样密度及表面状态等诸多因素的影响，只要将待测样品均匀地展现于激光束中，即可获得准确的测试结果(图 4-7-9)。

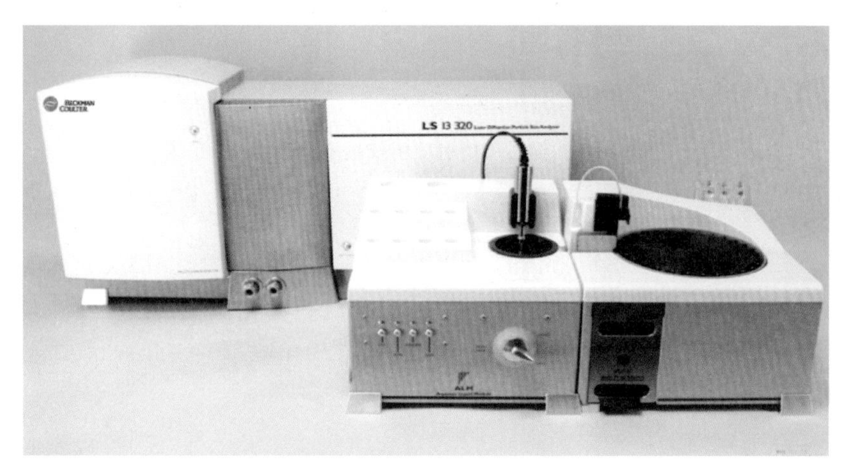

图 4-7-9 激光粒度仪实物图

激光粒度分析方法本身具有精密度高、重现性好、分析速度快等优点，在测试粒度分布范围窄的样品方面优势突出。但影响分析结果的因素也很多，其中最为显著的是取样。对于粒度分布范围较宽的沉积物样品，应尽可能按仪器的负载要求均分样品进行测试，降低稀释对分析结果的影响。

2)X 衍射分析

矿物成分分析是沉积物分析的一个重要方面，沉积物中不同的矿物组成可以反映不同的沉积环境以及不同的物源。当滨岸带沉积物中某种经济矿物的含量达到工业品位时就可当矿床开采。除了镜下人工挑样外，我们还可以利用 X 衍射分析来确定矿物的组成比例。

X衍射分析是利用X射线在晶体物质中的衍射效应进行物质结构分析的技术[47]。每一种结晶物质都有其特定的晶体结构，包括点阵类型、晶面间距等参数，用具有足够能量的X射线照射试样，试样中的物质受激发会产生二次荧光X射线（标识X射线），晶体的晶面反射遵循布拉格定律。通过测定衍射角位置（峰位）可以进行化合物的定性分析，测定谱线的积分强度（峰强度）可以进行定量分析，而测定谱线强度随角度的变化关系可进行晶粒的大小和形状的检测（图4-7-10）。

图4-7-10　X衍射分析仪器实物图

3）释光测年法

沉积物的沉积年龄也是沉积物分析的一个重要方面。通过对滨岸带沉积物的沉积年龄的研究，再结合其他研究资料我们就可以了解滨岸带的沉积演化历史。现代沉积物沉积时间较短，一般的方法并不适用，而释光测年法的测年范围可从几十年到十几万年，可以用于现代滨岸带沉积物的定年。

释光测年法分为热释光和光释光两种方法，目前中国地质大学（武汉）可以做光释光的定年。光释光测年法是在热释光基础上发展起来的测年技术。石英等矿物晶体里存在着“光敏陷阱”，当矿物受到电离辐射而产生的激发态电子被其捕获时就成“光敏陷获电子”，它们可以再次被光激发逃逸出“光敏陷阱”，重新与发光中心结合再发射出光，这种光就是光释光信号。利用这种信号进行测年的技术即光释光法（图4-7-11）。

光释光测年法对样品取样的要求十分严格，主要有以下几个方面：

（1）样品采集时尽可能避光，可用黑布或伞遮挡阳光。若在剖面上取样，应去除30～50cm的表样，取新鲜样品。

（2）沉积物样品采集后应维持原状，并立即放入不透明容器，密封，防止漏光和水分的丢失。

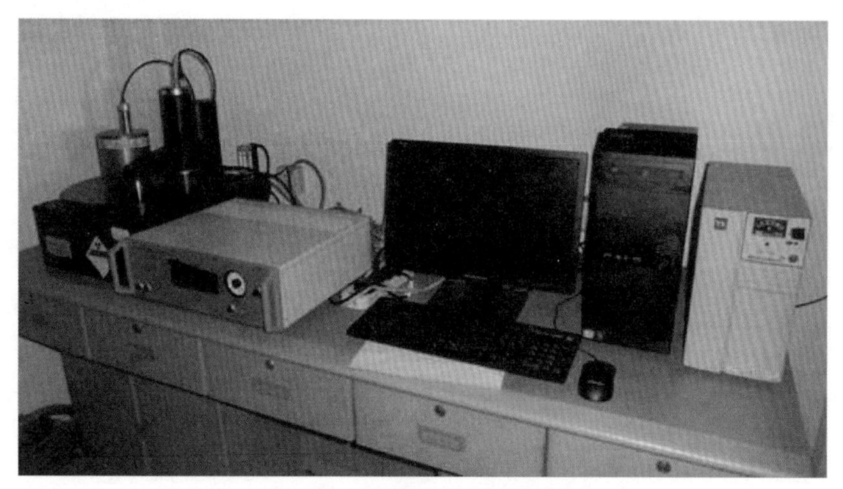

图 4-7-11　光释光测年仪器实物图

(3)沉积物样品尽量在岩性均一的细粉砂、亚砂土(适合释光测年的粒径范围为 4～11μm 或 90～250μm)中采集,避免在地层界面上采样。

(4)对于沉积物,每个样品需要 500g 左右的样品。样品尽可能取块状,体积以 10cm×10cm×10cm 为宜。

(5)样品的采样和存放地点应远离高温环境。

(6)记录采样点地理位置、标高、层位、埋深、岩性、样品周围是否有放射性污染源等。

(7)提供样品估计年龄。

附　录

图例　地质图件常用的岩性花纹

1. 堆积物

砾石

砂砾石

角砾

砂

黏土

淤泥

碳质黏土

腐殖土层

残积层

半风化层

基岩层

2. 沉积岩

角砾岩

砂砾岩

砾岩

含砾砂岩

粗砂岩

细砂岩

粉砂岩

石英砂岩

长石砂岩

长石石英砂岩

复成分砂岩

海绿石砂岩

黏土粉砂质砂岩

泥质砂岩

钙质砂岩

铁质砂岩

砂质泥岩

页岩

砂质页岩

钙质页岩

碳质页岩

铁质页岩

铝质页岩

硅质页岩

黏土岩(泥岩)

灰岩

砂质灰岩

泥质灰岩

硅质灰岩

白云质灰岩

碳质灰岩

结晶灰岩

生物碎屑灰岩

结核灰岩

含燧石结核灰岩

条带状灰岩

碎屑灰岩

竹叶状灰岩

鲕状灰岩

泥灰岩

砂质泥灰岩

白云岩

泥质白云岩

硅质岩

煤层

交错层砂岩

3. 岩浆岩

橄榄岩

辉石橄榄岩

辉石岩

角闪岩

斜长岩

辉长岩

玢岩

辉绿岩

闪长岩

角闪闪长岩

花岗闪长岩

闪长玢岩

花岗闪长斑岩

花岗斑岩

花岗岩

二长岩

正长岩

煌斑岩

玄武岩

杏仁状玄武岩

安山玄武岩

安山岩

辉石安山岩

角闪安山岩

斜长安山岩

英安岩

流纹岩

集块岩

火山角砾岩

凝灰岩

4. 变质岩

千枚岩

板岩

片岩

片麻岩

石英岩

角岩

大理岩

碎裂岩

糜棱岩

混合岩

混合花岗岩

5. 地质构造

整合岩层界线

平行不整合界线

角度不整合界线（平面）

角度不整合界线（剖面）

推测岩层界线

地层产状

倒转地层产状

正断层

逆断层

平移断层

性质不明断层

推测断层

背斜

向斜

剖面方位

6. 地物标志

建筑物

泉

温泉

水面

水库

铁路

主要参考文献

[1] 河北省地质矿产局.河北省北京市天津市区域地质志[M].北京:地质出版社,1989.

[2] 王家生,喻建新,江海水,等.北戴河地质认识实践教学指导书[M].武汉:中国地质大学出版社,2011.

[3] 林建平,赵国春,程捷,等.北戴河地质认识实习指导书[M].北京:地质出版社,2005.

[4] 王珍茹,杨式溥,李福新,等.青岛、北戴河现代潮间带底内动物及其遗迹[M].武汉:中国地质大学出版社,1988.

[5] 曹秀华,汪新文,林建平.对北戴河地质认识实习野外教学的思考[J].中国地质教育,2015,24(4):42-45.

[6] 杨丙中,李良芳,徐开志,等.石门寨地质及教学实习指导书[M].长春:吉林大学出版社,1984.

[7] 邢新丽,祁士华,郭会荣.以地学为基础的环境专业实习教学方法探讨——以北戴河地质实习为例[J].科技创新导报,2013(5):195-195.

[8] 刘金铃,朱宗敏,谢树成.问题教学法在野外地质认识实习中的实践——以北戴河地质认识实习为例[J].科教导刊,2016(34):104-105.

[9] 穆克敏,林景仟,邹祖荣.华北地台区花岗质岩石的成因[M].长春:吉林科学技术出版社,1989.

[10] 李声之,王继兴,王喜富,等.河北省岩石地层[M].武汉:中国地质大学出版社,1996.

[11] 杨坤光,马昌前,简平,等.大别山北缘两次俯冲(碰撞)的岩石学和构造学证据[J].2000,30(4):364-372.

[12] 方占仁.冀东—辽西南太古代花岗质岩石的形成与演化[J].长春地质学院学报,1986(2):37-46.

[13] 河北省地质矿产局区域地质调查大队.1:5万山海关幅区域地质调查报告及其地质图[R].石家庄:河北省地质矿产局区域地质调查大队,1987.

[14] 中国地质大学(北京).1:25万青龙县幅区域地质调查报告及其地质图[R].北京:中国地质大学(北京),2003.

[15] 江博明,欧弗瑞B,柯尼协J,等.中国冀东3500Ma斜长角闪岩系的野外产状、岩相学、Sm-Nd同位素年龄及稀土地球化学[J].中国地质科学院地质研究所所刊,1988.

[16] 杨伦,刘少峰,王家生.普通地质学简明教程[M].武汉:中国地质大学出版社,1998.

[17] 姜在兴.沉积学[M].北京:石油工业出版社,2003.

[18] 熊志方,龚一鸣.北戴河红色风化壳地球化学特征及气候环境意义[J].地学前缘(中国

地质大学(北京),2006,13(6):177-186.
[19] 李德文,崔之久,刘耕年.风化壳研究的现状与展望[J].地球学报,2002,23(3):283-288.
[20] 冯金良.七里海泻湖的形成与演变[J].海洋湖沼通报,1998(2):6-11.
[21] 秦磊.天津七里海古泻湖湿地环境演变研究[J].湿地科学,2012,10(2):181-187.
[22] 李从先,陈刚,王利.滦河废弃三角洲和砂坝-泻湖沉积体系[J].沉积学报,1983,1(2):60-72.
[23] 郑浚茂,孙永传,王德发,等.滦河体系及北戴河海岸沉积环境标志的研究[J].1980,1(3):177-190.
[24] 李尚宽.素描地质学[M].北京:地质出版社,1982.
[25] 于彩霞,许军,黄文骞.海岸线及其测绘技术探讨[J].测绘工程,2015,24(7):1-5.
[26] 伊飞,张训华,胡克.海岸带陆海相互作用研究综述[J].海洋地质前沿,2011,27(3):28-34.
[27] 沈焕庭,朱建荣.论我国海岸带陆海相互作用研究[J].海洋通报,1999,18(6):11-17.
[28] 朱志伟,高茂生,朱远峰.海岸带基本类型与分布的定量分析[J].地学前缘,2008,15(4):315-321.
[29] 王颖,朱大奎.海岸地貌学[M].北京:高等教育出版社,1994.
[30] 夏真,林进清,郑志昌.海岸带海洋地质环境综合调查方法[J].地质通报,2005,24(6):570-575.
[31] 侍茂崇.海洋调查方法[M].青岛:青岛海洋大学出版社,1999.
[32] 莫杰.海洋地学前缘[M].北京:海洋出版社,2004.
[33] 王沫.海洋底质信息分析系统的研究与设计[J].解放军工程大学,2008:8-9.
[34] 国家海洋局.海洋监测规范[M].北京:海洋出版社,1991.
[35] 王海芳.环境监测[M].北京:国防工业出版社,2014.
[36] 国家环境保护局.水和废水监测分析方法(第4版)[M].北京:中国环境科学出版社,2005.
[37] 李启虎.海洋监测技术主要成果及发展趋势[J].科学中国人,2001(4):30-31.
[38] 牟健.我国海洋调查装备技术的发展[J].海洋开发与管理,2016(10):78-82.
[39] 艾万铸,李桂香.海洋科学与技术[M].北京:海洋出版社,2000.
[40] 吴中.波浪研究中的多分辨方法[J].海洋工程,1999,17(1):62-70.
[41] 曹耀华,赖志云,刘怀波,等.沉积模拟实验的历史现状及发展趋势[J].沉积学报,1990,8(1):143-147.
[42] 王文质,陈俊昌,李毓湘,等.海浪数值模拟研究进展[J].地球科学进展,1990(5):14-26.
[43] 杨家轩,李训强,朱首贤,等.基于水槽实验的近岸波浪破碎计算研究[J].海洋通报,2015,34(1):45-51.
[44] 马永星,陈旭,刘长乐,等.内波水槽中非均匀密度层结的实现及实验验证[J].中国海

洋大学学报(自然科学版),2015,45(6):1-6.

[45] 张大恩,董良珠,李才良,等.土质学研究中揭片法之应用[J].全国首届工程地质学术会议论文选集,1979:289-292.

[46] 王建,柏春广,徐永辉.江苏中部淤泥质潮滩潮汐层理成因机理和风暴沉积判别标志[J].沉积学报,2006,24(4):562-569.

[47] 林伟伟,宋友桂.沉积物中X射线衍射物相定量分析中的两种方法对比研究[J].地球环境学报,2017,8(1):78-87.